刘树勇
邱　克　编著
姚润丰

# 诡秘的反物质

# Antimatter

河北出版传媒集团
河北科学技术出版社

**图书在版编目（CIP）数据**

诡秘的反物质 / 刘树勇，邱克，姚润丰编著 . — 石家庄 : 河北科学技术出版社，2012.11（2024.1 重印）

（青少年科学探索之旅）

ISBN 978-7-5375-5544-9

Ⅰ . ①诡… Ⅱ . ①刘… ②邱… ③姚… Ⅲ . ①反物质—青年读物②反物质—少年读物 Ⅳ . ① P14-49

中国版本图书馆 CIP 数据核字 (2012) 第 274562 号

**诡秘的反物质**

刘树勇　邱　克　姚润丰　编著

| | | |
|---|---|---|
| **出版发行** | 河北出版传媒集团　　河北科学技术出版社 | |
| **地　址** | 石家庄市友谊北大街 330 号（邮编：050061） | |
| **印　刷** | 文畅阁印刷有限公司 | |
| **开　本** | 700×1000　1/16 | |
| **印　张** | 12 | |
| **字　数** | 130000 | |
| **版　次** | 2013 年 1 月第 1 版 | |
| **印　次** | 2024 年 1 月第 4 次印刷 | |
| **定　价** | 36.00 元 | |

如发现印、装质量问题，影响阅读，请与印刷厂联系调换。

# 前　言

　　1998年6月，由著名华裔科学家丁肇中博士主持设计的阿尔法磁谱仪随"发现号"航天飞机在太空度过了10天的时间，随之，反物质这一词语迅速广为人知。

　　极具诱惑力的反物质是科幻小说家们获取灵感的源泉，但对于物理学家们来说则是一个巨大的难题。科学家告诉我们，每一种粒子，如电子、质子、中子等均存在相应的反粒子，即正电子、反质子、反中子等。

　　反物质的形态首先是它们那不驯服的烈性，它们一遇到普通物质就"同归于尽"，并释放出巨大的能量。也正是这些神奇的性质将大批科学家吸引到反物质的身上，这些不同寻常的物质不仅大大延伸了人类对物质认识的界限，而且反物质那些美妙的性质也深深吸引着人们研究它、认识它，甚至还要开发它、利用它。尤其是开发其中巨大无比的能量，幻想着借助反物质能遨游更为广袤的宇宙深处。

　　有趣的是，研究和认识反物质的方法并不复杂，这种方法是一种极普通的"对称"方法。对我们来说，对称的事物是司空见惯的，镜中的世界与我们生存的世界就是彼此对称的。当你仔细观察那每月初的新月形象和每月末的残月形象，不难发现它们那对称的关系。建筑的对称更加普遍，可以说"自然处处有对称"。英国著名科学家狄拉克正是根据

对称的原则，提出了反电子（即正电子）的观点，并得到了实验上的证实。

　　本书用生动活泼的笔触和充满趣味的插图为青少年朋友展示了反物质世界一幅幅的生动画面。在书中，我们不仅可以看到物质世界中各种各样的对称的结构和形式之美，而且我们还可以追踪科学家们探寻微观世界的历程，看到科学家们探索科学过程中的种种有趣故事，像"泡利效应"、费因曼"打赌"、介子专家"吃草帽"，从中我们可以看到科学家们的诙谐与幽默。

　　笔者相信，在读过此书后，您定会大开眼界，也许您会注意到世界上那些美妙与和谐的东西，得到美的享受。也许在感叹世界的美妙时，您还要沿着前辈科学家的足迹，踏上科学的征途，或者把科学变为终生的兴趣，并借此丰富自己的生活。

刘树勇　邱克

2012年8月于北京

# 目 录

## 六 粒子世界的对称性

## 奇妙的镜中世界

## 反物质在哪里

# 一、正反对称的世界

在学习几何学时，我们会注意到一些几何图形的对称性。例如，正方形、长方形、圆形、平行四边形、抛物线、椭圆、双曲线等，这些都是具有对称性的图形。对于几何对称性的认识，使我们对图形变化后的一些不变性质有了深刻的理解。

## ● 从新月、残月说起

风花雪月往往是入诗入画的好题材，如果统计一下，这样的诗作、这样的画作，何止万千!这些诗和画常常会勾起人们的无限遐想，能长时间地品味其中的意境，反而对诗和画的真实性看淡了。例如，著名画家和文学家丰子恺有一幅

**名画留下了点科学遗憾**

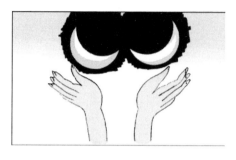

残月与新月的对称

画，名为《人散后，一钩新月天如水》。画面极其简洁，桌上有茶壶和几杯残茶，窗外的弯月是构图的重点。画中的情景为许多人赞叹，当然这是一幅名画。

然而，这幅画却留下了一点儿遗憾。我们仔细看月亮时，会看到新月凸向右，残月凸向左。丰子恺画面上的月亮是残月，但丰子恺的标题却是"一钩新月"。可见，虽然没有必要小题大做，可对这样一幅名画所留下的永久缺陷，的确令人产生了一点儿遗憾。我们在此并不讨论科学与艺术的关系，而是关注残月与新月的对称，这种对称是有趣的，月亮在运行中，不断重复它的形象，好像我们有时看到的是真实的月亮，有时看到的是它的像（当然这里也是真实的月亮）。

● 物与像的学问

爱美之心，人皆有之。我们每天都照镜子，人们在镜中看到的世界是虚假的、不真实的，但它并非毫无意义。当动物或幼儿照镜子时，它（他）们经常要去探求镜后（而不是镜中）的东西，看看到底是怎么回事。其实，镜中世界对于科学家来说也是很有趣的，从中可以得到一些有趣的结论。

说到成像，人们总是先与平面反射镜联系起来。有些孩童照镜子的兴趣就在于想知道镜子是如何成像的。经过反复实验知道，像与所映照的物并不是一个东西。在学习反射成像的原理时，并没有什么难度，只要使用角尺来度量光反射的量，以及一些光线的定义，一个小学生就可以弄懂、会用这些知识了。

其实古人不仅可以制造优质的镜子，而且古人对光学现象也做了许多研究，像中国战国时期的墨家学派就对各种反射镜做了较为详尽的研究，古代希腊学者也对光的折射现象做了研究，积累了一些光学知识。

平面镜成像知识是人们最早研究的，像山峦、屋舍、人物、飞禽在平静水面形成的倒立影像，人们照镜子看到与自己一模一样的像。这些都引起了人们的注意。当我们做光的镜面反射实验时，我们可以得到更精确的结论：当物体发出的光线在镜面形成反射光，如果我们的眼睛接受了这些反射光线就会发现，沿这些反射光的反向延长线，可以交汇出"另一个物体"，这"另一个物体"就是真实物体在镜中形成的"像"。

当我们做一些测量时，发现物和像分别与镜面的距离是一样的，物与像的大小是一样的。由于物距与像距是相等的，所以物与像相对镜面是对称的。当然，利用光学的定义，我们知道平面镜形成的像是"虚像"。

在实验中，测量物距与像距是一个较麻烦的事情。如果

为了"省事"，我们可以在一张白纸上画一个圆（半圆也可以），再画一条直径线作为界，而后将平面镜放在这条分界线上。拿来一块橡皮竖立在圆周上，我们可以看到，镜中的像也恰好处在"圆周线"上。如果屋中是暗的，可以用点燃的小蜡烛做物体。这样可以更加清楚地看清镜中的像和像距。

● 神奇的太极图

太极思想是中国一种古老的思想，它强调阴与阳相协调，把科学与艺术完美地结合在一起了。这种思想对中国古代社会产生了广泛和深远的影响。

阴阳符号极其简单，阴为"——"，阳为"—"，二者的组合和变化可以形成所谓的"四象"和"八卦"，以及"六十四卦"。在这些变化过程中，阴阳的作用是最基本的。这种思想从现代的观点来看也是很有价值的。例如，电可以分为阴电和阳电两种，在溶液中电解质也大致可分为阴离子和阳离子两种，磁体也具有指南极和指北极性质。借助电磁相互作用，科学家已经可以解释分子中原子间的作用，进而说明化学反应实际上就是原子的结合与分开。

通过黑白分明的反差，我们可以看到，阴与阳的对立是非常明显的，但又具有相互转化的特点，具有功能互补的特点。为了说明这些特点，古人设计了形象极其生动的太极图。从太极图上我们可以推断，这大概来源于一天昼夜的循环往复，体现着日与月的交替运行和彼此关照。而日月运行的相辅相成既生动体现出一种动力作用，又明确表示着一种互补结构。从太极图上看，阴阳之间的对立被包含在阴阳的互动之中，整个图形在流动变化中体现着一种整体上的和谐。阴阳是相互包容的，阴中有阳、阳中有阴，表现着缠绕的形态，同时在阴阳交替中相互推动。

　　黑白分明的色彩清楚地显现着对称的结构和平衡的态势。仔细辨认，这种对称是一种旋转对称（不是镜像对称）。这就像在学习几何学时，平行四边形所具有的对称性质。由此可见，太极图的美感除了曲线表现出的力度美或夸张感外，它的对称美是人们感兴趣的一个重要方面，这种对称适度地表现出自然的阴性与阳性之间的和谐与对称。如果我们把太极图固定好，并把它看作一张照片，在旋转180度后，黑变白，白变黑，就好像照片变成底片。这种黑白就像是一个黑白照片与它的底片的对应关系。

　　不可否认的是，太极图也多少浸染着一种神秘感，但这并不妨碍我们对阴阳的理解，对阴阳对称与和谐的欣赏。丹麦的著名科学家玻尔曾到中国访问，并且注意到太极图，也很欣赏其独特的画面，并自然地联想到他的"互补"观点。

阴阳相互包容的太极图

为此，在设计家族的徽记时，他把太极图放在族徽的突出位置上。可见，追求自然与社会的和谐与对称是人类共同的愿望。

## ● 自然处处有对称

关于对称的重要性，随着自然科学的发展，人们对于物质世界的对称性认识得更加深入了。对称性已成为一种思维的方法，被一些科学家熟练地运用着。像德布罗意提出物质波的设想时，他考虑的是要维护波粒二象性的完整性，即光具有的性质，一般物质也应具备。同样，薛定谔建立波动力学，也是应用传统理论中的一些原理，推出量子力学的基本方程（薛定谔方程）。爱因斯坦和狄拉克更是运用对称性方法的高手，在建立相对论和探寻反物质世界的研究中取得了重要的成就。爱因斯坦和杨振宁在探索统一理论的研究中也都应用了对称性的概念和方法。

对称性在科学研究上的重要性已不必多说。其实，在日常生活中人们就注意发掘一些对称性的事例。在算术计算中，一些人找到了一些有趣的计算过程，并得到了一些有趣的结果或形式。例如，

$$\frac{999999999 \times 999999999}{1+2+3+4+5+6+7+8+9+8+7+6+5+4+3+2+1}$$

看到这种形式，我们可以感觉到它的对称和平衡，经过

运算，可将分子中的18个9消去，剩下111111111×111111111，对称还保留着，并显得很规整；进一步运算，可得到12345678987654321，在计算结果中仍保持着对称和规整，整个运算过程中一直保持着一种和谐的状态。这真正体现出一种和谐的美。如果有兴趣，我们还可以做一点改动，即：

$$\frac{88888888 \times 88888888}{1+2+3+4+5+6+7+8+7+6+5+4+3+2+1}$$

它的结果会怎样呢？我们可以动手算一下，看看实际的结果。

还有些规整数的计算，较有名的是"缺8数"，例如：

12345679×9=111111111

12345679×18=222222222

12345679×27=333333333

…………

12345679×81=999999999

还有这样的运算规律，即：

$1^2=1$

$11^2=121$

$111^2=12321$

$1111^2=1234321$

计算这些有趣的数字，我们不仅可以体会到计算的乐趣，而且还可以发现数字中的对称与和谐之美。其实在有些数字中还表现出一种"回文"的美，如数字的"塔"从左向

右念或从右向左念都是一样的。在中国古代，追求这种对称与和谐的人也不少，最典型的是文人的游戏——回文诗。

说到回文诗，古人和今人就写了很多。例如，苏轼的诗《题金山寺》：

> 潮随暗浪雪山倾，远浦渔舟钓月明。
>
> 桥对寺门松径小，巷当泉眼石波清。
>
> 迢迢远书江天晓，蔼蔼红霞晚日晴。
>
> 遥望四山云接水，碧峰千点数鸥轻。

这首诗还可以反过来念，即：

> 轻鸥数点千峰碧，水接云山四望遥。
>
> 晴日晚霞红蔼蔼，晓天江书远迢迢。
>
> 清波石眼泉当巷，小径松门寺对桥。
>
> 明月钓舟渔浦远，倾山雪浪暗随潮。

可见两诗的意境是差不多的，用的字也一样。

在北京有一家餐馆，在店中有一副对联：

客上天然居　居然天上客

其中"天然居"是这家餐馆的字号。由于可以"回念"，顾客一进这家馆子吃饭就变成了"天上客"，顾客的心情肯定是不错的。

由此可见，对称对人们的生活也产生了很大的影响，大大丰富了人们生活的情趣，人们可以从这些数字或文字"游戏"中获得乐趣。

总的来看，对称带来一种规整和均衡的结构，并且表现出一种和谐的气氛。这形成了一种文化，它渗透在建筑、图案设计、文字游戏之中，为了深掘自然界内部的对称，数学家与科学家更有作为了。人们认识到晶体结构中美妙的对称，原子内部世界的对称，粒子物理学家手中的一个基本工具也是对称。揭开自然界内部的对称结构，并且在探询各种作用力的统一性时，对称也是一种有力的工具。这种对称常常成为科学家蓝图中的基本要素，甚至科学家在探询过程中，对称是一种基本的方法，已不再简单地设计一个又一个实验去找出粒子世界内部的奥妙。

对称还渗透在对自然科学的各种规律的认识中，像守恒定律中的对称性都可以被揭示出来，对物质运动的本质也有了更深的了解。特别是对相互作用的统一，不仅对称发挥重要的作用，破缺也具有重要的价值，对未来科学的发展具有极大的意义。一般来说，今天对于科学美的认识并不局限在对称，而是对称加破缺，即对称加上破缺才是完美的。在今后自然科学的发展中，对称仍是一种重要的观念和方法。我们相信对称仍会发挥重要的作用。

## ● 元素周期中的对称

每当我们看到化学元素周期表时，马上就会想到俄国杰出的化学家门捷列夫。门捷列夫出生在俄国西伯利亚的一

个城市，父亲是一位中学校长，母亲是一个实业家的女儿。门捷列夫出生后不久，父亲因白内障而失明，因此从学校退职，但母亲却无怨无悔地承担了家庭生活的重负。上学期间，少年的门捷列夫对数学、物理学和历史有兴趣。中学毕业后，家庭的生活已经很困难了，但母亲还是设法满足了门捷列夫上大学的愿望。母亲亲自送门捷列夫到2000千米之外的莫斯科和彼得堡求学，门捷列夫考入了高等师范学校。这时，身体已经极度虚弱和精神极度疲惫的母亲却与世长辞了。

师范学校附属于彼得堡大学，学校的大部分教授都是由彼得堡大学的著名学者来兼任的。又由于衣、食、住、行、医等费用均由学校来负担，门捷列夫可以全身心地投入学习。他不但刻苦学习，而且表现出坚韧不拔的毅力，因此，门捷列夫一直保持着优秀的成绩。虽然门捷列夫的身体不好，大部分的时间都是在医院中度过的，但毕业时，他的成绩仍居首位，并获得了金质奖章。

大学毕业后，学校的教授们都希望门捷列夫留在学校，做一名学者。但是，他的身体太差了，并且政府有规定，师范生毕业后要做8年的中学教师。考虑到门捷列夫的健康状况，学校将他派往克里米亚的一所中学。这里是著名的疗养胜地。由于克里米亚战争，学校只得停课，门捷列夫就疗养去了。当时彼得堡的一位名医预言，"门捷列夫只能活8～10个月"。然而，疗养院的医生却乐观地告诉门捷列夫："我保你比我们二人（指彼得堡的那位医生和疗养医生）都长寿。"果然，门捷列夫的身体一天天好起来。不久就到中学去教数学和物理课去了。但是第二年，门捷列夫又回到了母校，担任化学教师，承担了化学的教学工作。

俄国科学家门捷列夫

1869～1871年，门捷列夫撰写了《化学基础》一书。这是一部标准的无机化学教科书，培养了几代化学专业的学生。后来被译为英、德、法等文字。对每一版的《化学基础》，门捷列夫都要补充有关的新事实，因此从每个版本的不同便可以清晰地看出元素周期性的发现历史。为了说明元素的科学分类方法，他坚持研究元素周期性。

随着元素周期律的广泛承认，门捷列夫声誉日高。最早给予门捷列夫高度评价的是英国。1882年，英国皇家学会授予门捷列夫戴维金质奖章，1889年又授予门捷列夫法拉第奖章。

门捷列夫在试图对元素进行一定的分类时，为了找到元素性质变化的规律，他发明了一种"化学独人纸牌游戏"。他说道："我在卡片上分别填写上元素名称、相对原子质量以及主要性质，然后将这些性质相似和相对原子质量接近的元素卡片为一组。其结果，很快把我引导到元素的性质就是相对原子质量的函数这一认识上。"到1868年末，门捷列夫

已基本上发现了元素周期变化规律，并且出了一本小册子送给许多化学家。第二年，门捷列夫发表了关于元素周期律的第一篇文章《关于元素相对原子质量与性质间的关系》，文中列出了最早的元素周期表。这篇文章发表后，德国化学刊物转载了有关的摘要。

从表中可以看出，把元素按相对原子质量排列，化学性质的周期性就显露出来了。相对原子质量大小可以决定化合物的性质，虽然可以显示某些元素的类似性质，但也表现出显著的差别。此外，门捷列夫还在表上留出空缺，以说明这是一个尚未发现的元素，并且利用元素之间的周期性预言了该元素的性质和相对原子质量。门捷列夫对未知元素的预言是较为浪漫的，而证实了的预言就大大提高了门捷列夫在科学界的地位。

门捷列夫更重要的改进还是在他的预言上。他大胆地预言了4种元素，即第3族的硼之下应出现的"类硼"，铝下应出现的"类铝"，第4族的硅之下应出现的"类硅"。这些"类某"就是门捷列夫对未发现的而应存在的元素性质的大胆猜测。这的确导演出了19世纪下半叶化学舞台上有生有色的戏剧。

靠自学成才的法国化学家布瓦博得朗对光谱分析技术有长期的研究基础。1868年，他开始对一种锌矿石进行分析工作。布瓦博得朗花了7年的时间，在1875年（门捷列夫预言后的第4年），终于发现了一种元素。他将它命名为Ga

（镓），这是法国的古称。接着，他利用电解的办法获得了1克多的镓。当布瓦博得朗公布这个新元素之后，他收到了门捷列夫的一封信。门捷列夫认为，镓的密度不应是4.7克／厘米³，而是在5.9～6.0克／厘米³。布瓦博得朗非常奇怪，天下只有我才有这一点镓，这位俄国人怎么会知道它的密度呢？他重新测定之后，密度果然为5.96克／厘米³。布瓦博得朗由衷地写道："我认为没有必要再来说明门捷列夫先生的这一理论的伟大意义了。"这就是门捷列夫预言的"类铝"。

1879年，瑞典化学家尼尔森在分析稀土矿时发现了Sc（钪，即"斯堪的那维亚半岛"的意思），这就是门捷列夫预言的"类硼"。1886年，德国化学家文克勒在分析一种矿石时发现了Ge（锗，即"日耳曼"的意思），这就是门捷列夫预言的"类硅"。

令人惊讶的是，这三位化学家都为新元素起了极富民族主义的名称。然而，更为令人惊异的是，这三种元素全部符合门捷列夫的预言。1882年，门捷列夫获得了戴维奖章，但他对元素周期性的研究仍在深入。

当人们对原子结构有了更深的认识之后，对元素的周期性质又有了新的发现。这种认识是基于对称性的，这种对称性可以通过一个"塔"形来表现。遗憾的是，在镧系元素和锕系元素被发现后，使这种对称形式发生了一定的扭曲。当玻尔的原子理论提出后，特别是当运用一些新的量子力学原理来表示原子的结构时，元素周期性就呈现出一种全新的对

称形式，即核外电子能量按一定规律排布，并表现为一种新的"双塔"形式，即：

$$1s \qquad\qquad\qquad 2s$$

$$2p \quad 3s \qquad\qquad 3p \quad 4s$$

$$3d \quad 4p \quad 5s \qquad\qquad 4d \quad 5p \quad 6s$$

$$4f \quad 5d \quad 6p \quad 7s \qquad 5f \quad 6d \quad 7p \quad 8s$$

$$\cdots\cdots\cdots\cdots\cdots\cdots \qquad \cdots\cdots\cdots\cdots\cdots\cdots$$

其中的 S、P、d、f 等字母是表示电子所处的不同的轨道（"能级"）上的能量水平。读者可以很容易地找出其中的规律，电子是按照一定的能量水平排布在原子核的外围。把这座"双塔"延伸下去，能级的水平从左上向右下延伸下去，不断增加，可以发现很规整的排列。这真是一种美妙的对称结构。

● 美妙的 $C_{60}$

在1966年，英国的《新科学家》杂志上发表了一篇有趣的文章，作者有一个大胆的设想，用石墨制作空心"气球"。石墨"气球"的密度非常小（约为1千克／米$^3$），虽然作者还设想，石墨"气球"有这样或那样的用途，但这毕竟是纸上谈兵！

1968年，科学家发现宇宙空间存在大量的有机分子，也叫星际分子。这当然是一个重要的发现，并被誉为20世纪60年代的四大发现之一。此后，人们试图在空间找到更多的星际分子。

找这种分子的方法很简单，只要测它的谱线，并与我们已知的谱线相比较即可。如果这种物质在地球上有，一比便知；如果地球上不存在这种物质，那么最好在实验室中复制出它，供研究这些谱线之用。

1975年，一位名叫克罗托的英国年轻讲师对寻找星际分子发生了兴趣，并且想找到一些含碳的大分子。他想，当一颗恒星步入晚年时，它会极度膨胀，并有可能将氢或氦燃烧完而变成碳。碳在这样的高温下也会产生聚变（不像我们烧煤中的炭），在燃烧时，会有一些碳随着火焰，灰飞烟灭。在星体之外，温度急剧下降，当温度适宜时，这些碳原子会聚集成链状分子。不久，克罗托与助手观测一个天体时，发现它的一些分子看上去还真像是含碳的颗粒。克罗托在1981年的一次学术年会上报告了他的研究。

克罗托还从一些杂志上看到一些报告，有人在实验中发现过含有33个碳原子的分子。难道这种碳分子就不能在太空中被发现吗？

1984年，克罗托去美国得克萨斯州开会，碰到了老朋友赖斯大学的柯尔，会后又到柯尔家做客。当然到柯尔家之前，少不得去特价书店去"淘书"。在去柯尔家的路上，碳分子长链的形象一直萦绕在他的脑中。

在柯尔家中，克罗托还结识了柯尔的同事斯莫利。他们一见如故，谈得十分投机，当话题转到一台探查分子结构和制作奇异分子的机器时，柯尔的谈锋更健，尤其是介绍斯莫利的研究，斯莫利得到了一些不寻常的光谱。第二天，克罗托还到斯莫利的实验室去看那台奇异的机器，并且还看到一些优秀的研究人员和他们井然有序的工作。斯莫利还向克罗托介绍了一种碳化硅，并说到这些碳化硅就是在这架大机器中合成的。硅的性质与碳相似，既然可以制作碳化硅，那就应该能制作长长的碳分子链。

当克罗托向柯尔谈了他的想法之后，柯尔非常感兴趣，斯莫利虽然同意，但兴趣不大。斯莫利认为，化学家研究碳已经很长时间了，已不可能再出现什么奇迹了。当然，斯莫利在最后还是同意了，与柯尔和克罗托一起研究这些"无聊"的碳长链。

当克罗托再次到赖斯大学时，他先向这里的人员讲述了天体中含碳分子的可能性。接着他们开始做实验，不久就发现，在机器中合成了含有60个碳原子的碳分子。接下来他们开始考虑，这种$C_{60}$具有什么结构呢？

开始克罗托设想了一种"三明治"结构，共分4层，每层的碳原子的比例大约为6∶24∶24∶6，加起来正好是60个碳原子。可是仔细思考之后，发现这种分子缺乏活性。经过认真研究，他们觉得，这些碳原子构成一个"笼子"的时候是最稳定的。可这"笼子"是什么样子呢？

克罗托想起，在1967年蒙特利尔博览会上，有一位多少有些"离经叛道"的建筑师参与设计，他设计了一种"古怪"的"网格球顶"结构。这位设计师的名字叫"巴克明斯特·富勒"。当时，克罗托正在蒙特利尔做博士后。这个大球顶建筑被美国参展商包下来布置他们的展品。在展览期间，克罗托还推着坐着小儿子的童车在展厅中来回游逛。

克罗托回忆起，这个球形顶是用一些正六边形拼起来的。但大家并不熟悉富勒的设计原理，因此不知道如何用六边形拼起这个圆顶。当然"笨"办法还是有的，克罗托想起曾用硬纸板为孩子们拼了一个网格状的穹顶，好像不只要用六边形，还要用到五边形，当然拼出这60个格点，克罗托是有些把握的。

实验仍在继续，他们发现$C_{60}$的信号更强，而且还发现了具有碳硅结构的分子，这正是克罗托要寻找的分子。这也正是克罗托4年前要研究的分子，在赖斯大学的机器上，只花了4天的时间，而且还捎带发现和得到了$C_{60}$分子。

实验做得非常好，碳氮结构已经清楚了，而且证实了克罗托的猜想，文章并不难写，并且很快就寄到了编

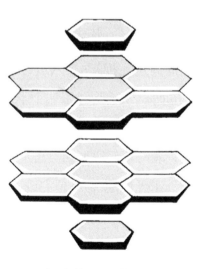

克罗托的"三明治"结构

辑部。可是$C_{60}$呢？这篇文章很不好写，原因是它的结构不清楚。斯莫利到图书馆找有关富勒设计的书。在书中不仅看到了许多图片，而且的确受到了一些启发，不过要解开$C_{60}$之谜还是不容易的。

克罗托在赖斯大学待了很长时间了，该回去了。为酬谢研究小组的成员，克罗托设宴招待大家。在丰盛的晚宴上，$C_{60}$仍是一个共同的话题，他们在餐巾纸上画了各种图样，但还是没有结果。宴会后，克罗托决定再到实验室一搏，结果仍没有什么进展。

晚宴后，斯莫利等人也在忙活着，他们不是用牙签扎软糖，就是用纸糊，都试图复原这个$C_{60}$。斯莫利在毫无进展之时回到了家中，并从厨房找到一瓶啤酒，边喝边思考。他想起克罗托说的话，克罗托在制作玩具时用到了五边形。怎样制作呢？

也许是在啤酒的作用下，斯莫利想到，先做五边形，在它的周边连接起5个六边形，再相同地添加5个五边形和5个六边形，从而形成了一个半球形的样子。他一数格点数，已有40个，形状已超过了半个球。再加两排五边形和六边形，就只剩一个五边形的空当了。

谢天谢地！总算是完成了！再仔细地数一数，共有12个正五边形和20个正六边形。看上去是一个极其漂亮的球形结构。这正是$C_{60}$的结构。

第二天早上，当小组成员来到办公室后，斯莫利将这个纸球放到桌上。克罗托是最兴奋的，这与自己家里的那个玩具一模一样。

当然，玩具毕竟是玩具。这时大家在兴奋之余，还要对碳与碳之间的共价键进行研究，最后模型通过了检验。可以说，大功告成了!

其实，斯莫利的模型根本就"不是"什么新发现，因为足球运动员都知道，斯莫利糊的不过是一个纸"足球"。足球正是用20块白色六边形球皮和12块黑色五边形球皮缝制而成的。

这时，小组的一人到商店买了一个足球，他们又用它再证实一次。还有一人将商店中所有制作分子模型的材料买下来，再重新构成$C_{60}$分子模型，最初的大量$C_{60}$模型就是他建构的。这样，在石墨和金刚石之后，人们又发现了第3种具有崭新结构的碳分子。

克罗托真是不虚此行，星际分子的问题解决了，更加幸运的是，由于与斯莫利的合作，他们抓住了千载难逢的"机遇"，把球形的$C_{60}$找了出来。

斯莫利于1943年出生在美国俄亥俄州的一个小城市。小时候，斯莫利特别喜欢在父亲那里学习拆卸、制作，以及学习修理一些机械和电子设备，这样父亲在地下室的小作坊成了斯莫利尽情发挥个人才能的小天地。不过相比之下，斯莫利与母亲的交谈要更多一些，他坐在母亲的膝盖上听母亲讲故事，从这些故事中，斯莫利了解到阿基米德、达·芬奇、伽利略、开普勒、牛顿和达尔文等科学家的事迹。母亲还带

他去采集单细胞的生命体，把它们放在显微镜下观察。这样，从母亲那里，斯莫利学会了一些思维的方法，"懂得了大自然的美"。

斯莫利14岁时，世界上发生了一件大事，这就是苏联成功发射第一颗人造地球卫星。这件事对斯莫利确实产生了一些震撼，促使他下决心投身到科学事业中。在此之前，斯莫利从不认真学习。现在斯莫利则一反常态，在没有暖气的阁楼上，制订了一份周密的计划，开始了新的征途。

过去，斯莫利与大他一岁的姐姐在同一个班上学，姐姐学习认真，成绩优良，斯莫利就差得多了，他也不觉得有什么难为情。在订立了学习计划之后，斯莫利决心追赶姐姐。在老师耐心的指导下，经过努力他和姐姐成为班上学习最好的学生。也许姐姐并没有感到有什么变化，但斯莫利则非常激动，因为他第一次品尝到成功的喜悦。

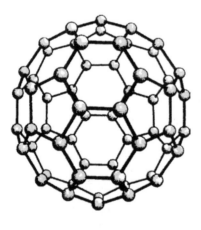

$C_{60}$结构模型

尽管斯莫利的物理成绩非常好，但他对化学却情有独钟，特别是小姨妈是个化学教授，这对斯莫利很有影响，并促使他选择了化学专业。更令人兴奋的是，他走上工作岗位时，听到的第一句话是："化学家无所不能!"这对斯莫利是一个极大的鼓舞，并一直激励着斯莫利，使他学习的劲头一直丝毫不减。1969年，26岁的斯莫利又考上了普林斯顿大学的博士研究生。这时的斯莫利不仅认真地学习更加系统的知识，而且从老师那里知道，在严肃认真的研究中还要注入激情。

1976年，斯莫利到赖斯大学工作。1981年，他的小组成功地发明了一种新技术，可以产生新的小分子。后来通过他的副手柯尔与克罗托结识，为此开始了新的研究课题，并发现了 $C_{60}$。

据说，在斯莫利的小组之前，一些科学家曾在实验中获得过 $C_{60}$，但并没有深入研究它。斯莫利则不一样，他虽然开始并不热心于克罗托的课题，但发现 $C_{60}$ 之后，借助他在童年时期就培育起的良好的美学修养，以及他所熟悉又刻意追求的化学结构中的对称美，促使他那灵感与想象力迸发出火花，终于把那最美的东西捕捉到了。

$C_{60}$ 那奇妙的对称结构吸引了一大批科学家。特别是在1991年，$C_{60}$ 研究成了一个异常活跃的领域，从 $C_{60}$ 发现到1990年，共有50篇论文被发表，而1991年一年就有600多篇论文被发表。为了表彰克罗托、柯尔和斯莫利发现了 $C_{60}$，他们共同被授予1996年度的诺贝尔化学奖。

# 二、不空的真空

真空的本义是虚空，即一无所有的空间。随着科学的发展，人们对真空的认识也在不断深化，对其含义也增加了新的内容。古代人的观念很"现实"：生活的周围是土地房屋、大山河流，天空中充满着空气，似乎这个空间已充满了物质，不存在一无所有的虚空。到了17～18世纪，近代科学的发展，科学仪器的进步，帮助人们获得了"真空"。人们开始利用真空技术指导生产劳动，真空理论和潜热理论的研究成果促进了蒸汽机的发明，从而导致欧洲的工业革命。进入20世纪后，科学发生了革命，伴随着量子力学、相对论的诞生，出现了一种新的真空理论，即狄拉克的"空穴理论"，它再一次改变了人们对真空乃至物质世界的认识。

## ● 自然界害怕真空

古代人对空间特性的认识一直有不同的看法。在古希腊，最早提出原子理论的德谟克里特等人认为，自然空间存在两种情况，有物体存在的空间是"实"空间，没有物体存在的空间是"虚空"空间。他们认为物体是由不可分割的原子组成，原子内部是实空，因此它不可分割。原子之间没有物质，是"虚空"空间。只有存在虚空，原子才能运动，"虚空"是原子运动的场所。物体能被压缩、伸展也是因为原子间存在虚空。这是历史上最早的原子理论，它包含着自然界存在虚空的思想。可惜，当时的哲学家们很少有人重视德谟克里特的观点，像苏格拉底这样的大哲学家都反对原子论，致使很有科学价值的"原子论"遭到冷落。

与德谟克里特的虚空观点相反，包括大哲学家亚里士多德在内的多数人不承认"虚空"存在。他们还举出许多让你点头称是的理由：看看我们生活的空间里，你能找出不存在物质的地方吗？即便是肉眼看不见的空气，我们也能感受到它的存在。再以运动物体为例，当物体从一个空间移出，一定会有其他物体进入这个空间。如同水从一个容器里流走，空气会自动补充进来一样，大自然似乎不愿让这个容器平白

无故地"空着"。亚里士多德还论证说,如果有虚空,就不会有任何运动。因为虚空里没有这样一个地方,物体倾向于往这里运动而不倾向于往那里运动,因为作为虚空的各点具有对称性,是没有任何差异的。亚里士多德总是说,创世者不会做多余的事,因而得出了一个常被后人引用的著名结论"自然界厌恶真空"。这个观点更能让当时的人从日常生活中体会到,并接受它。宗教也支持这个观点,因为如果自然界存在和物体分离的虚空以及物体内的虚空,那么教会宣扬的"上帝无所不在"的思想就不成立了。哲学家们追随亚里士多德,普通百姓崇拜亚里士多德,宗教宁愿相信亚里士多德,"自然界厌恶真空"的观点就这样"理所当然"地流传了上千年。

按照亚里士多德及其追随者的观点,物质已经充满了天地之间。那高远的大气之外,衬托着日月星辰的背景天空里又存在什么呢?古代人给大气以外的蔚蓝天空起了一个名字叫"以太",亚里士多德甚至说"以太"是除了水、土、火、气之外,构成万物的第五种元素。反正在他的头脑中,创世者是不会让什么地方空着的,虚空是不能存在的。"以太"很长时间就作为一种比空气还稀薄的物质,用来填充广袤的宇宙,只有这样才能"真空不空"。

法国科学家笛卡儿还曾将以太引进科学,赋予某些力学性质。他认为所有作用力都必须经过中间媒质传递才能发生作用,就像声音必须通过空气才能传递,不可能超越空间的距离发生作用,也就是说,不存在超距作用。因此,空间肯定不是空无一物的，以太的存在似乎有了"合理"的解释。后来，胡克和惠更斯在提出光的波动性理论时，把以太作为光波动时的荷载物。认为光可以在没有实物存在的空间中传播，荷载光的媒质就应该是以太，而且应该充满真空的全部空间，并渗入到物质之中。再后来，法拉第和麦克斯韦还在电磁理论中把以太当成电磁波传递的媒介。可见，以太的引入对光波、电磁波理论的建立都有积极的促进作用，直到爱因斯坦用相对论证明电磁波本身是一种场物质，它可以在真空中以波的形式传播，不需要中间媒介之后，以太才逐渐退出物理学的大舞台。

在古老的东方，人们也在遥望同一片蓝天。我国古代科学家一直在用"元气"学说，探讨物质的本原，包括真空问题。他们把"元气"看成是构成天地万物的物质基础。东汉思想家王充就认为：天地万物是由元气这种自然物质构成的，元气是无限的，强调"元气"本身就是万物的终极本原。

宋代哲学家张载提出过"太虚即气"，即不存在绝对真空的思想。在张载的思想里，气是一种物质性的实体，能被人感觉到。

明代哲学家王廷相对张载的思想进一步阐述，他认为天地万物形成之前，宇宙已存在，物质的元气充满其中。天地日月，万物生机都蕴涵在"元气"之中，"元气"才是宇宙的根源。

明末清初的哲学家王夫之继承和发展了张载的观点，明确提出宇宙是物质元气构成的实体。他将宇宙看成是由元气

构成的广袤而无间隙的实体，否定了绝对虚无的存在。

中国古代思想家有关气的理论，在解释宇宙的生成、宇宙空间的性质、宇宙万物的来源等一系列问题上，取得了相当大的成功。尽管它还不是现代意义上的物理学内容，但就其思想而言，已经十分接近现代物理学的概念。德国数学家、物理学家莱布尼茨提出："气，在我们这里可以称之为以太，以太物质最初完全是流动的，毫无硬度，无间断，无终止，不能分为部分。它是人们想象的最稀薄的物体。"有的学者将"气"与现代物理学中的"场"做对比，从中找出许多相似之处。总之，无论是西方的以太，还是中国的气，尽管内容不尽相同，但它们都反映了东西方思想家相同的观念：真空是不存在的。

● 托里拆利的真空实验

16～17世纪的欧洲，近代科学蓬勃发展，科学家们经常对生产和生活中的物理现象展开研究。其中一个现象引起了科学家们的注意：当时人们经常采用一种简单的抽水机来抽取煤矿井里的多余积水，抽水机很原始，用一根又细又长的管子，管子里装有一个和管壁配合紧密、又能上下活动的活塞。将管子插入水里，活塞推到管子的最下端，然后向上提起活塞，积水就像被活塞吸住似的抽了上来。

为什么水能被抽上来呢？当时的人就用亚里士多德的名言"自然界厌恶真空"来解释这一现象：当把抽水机的活塞提起，水若不跟着上升，就会在活塞与水面之间形成真空。而自然界是厌恶真空的，是不容许虚空存在的，于是水就被用来填补真空，随着活塞一起上升了。

这种解释是不科学的、十分幼稚的。但在当时是被看作真理的。就连伽利略这样的大师，一开始也不反对用"自然界厌恶真空"来解释为什么抽水机能抽上水。要不是出现了"意外"事件，这种解释还不知道要延续多少年。1640年，意大利的一位贵族请来技师在自家庭院里打一口深井，安装了当时最好的抽水机，可是意想不到的事情发生了。水上升到离水面10米左右的地方，就止步不前了。反复检查，反复试验，可每次井水都升到同一个高度，就是不肯再上升一步。技师们没有办法，只好去请教大名鼎鼎的伽利略。

伽利略听说了这件事，也感到奇怪。伽利略原本是相信"自然界厌恶真空"的，根据这个说法，抽水机应该能把水提升到任意高度。可事实是，水只能升到10米左右。这件"意外"事件，让伽利略开始修正"厌恶真空"的说法。他假定：自然界对真空的排斥是有一定限度的，而且这个极限应该是可以测量的。他还认为，自然界厌恶真空可能是一种力。为此，他设计了一种装置，试图通过测量阻止真空形成的阻力，来间接测定这种现象的限度。可惜，伽利略没有彻底抛弃"厌恶真空"的思想，也不可能找出所谓"厌恶真空

**意大利科学家伽利略**

的力"。再加上伽利略当时已年老体弱，双目失明，继续研究工作已十分困难，这件事就留给了他晚年结识的学生埃旺格里斯塔·托里拆利。

托里拆利生于意大利的法恩扎。年轻时曾在罗马学习数学，对力学也很有研究，曾写过一本有关力学的书，这本书虽不出名，但已给伽利略留下了深刻的印象。伽利略邀请他到佛罗伦萨来，托里拆利立即动身前去会见他所崇拜的大师。此时的伽利略已是双目失明的老人，托里拆利在伽利略人生的最后时光，陪伴着大师探讨那些尚未解决的问题，他既是伽利略的秘书，也是一个知心的朋友。后来，他继伽利略之后，担任托斯卡尼大公斐迪南二世的宫廷数学家。伽利略生前留给了托里拆利借以成名的研究课题——为什么抽水机只能把水提升10米。

托里拆利在整理伽利略的研究工作中，已经了解到伽利略曾做过一个重要的实验，证明了充满压缩空气的玻璃球比不充气的球要稍微重些，说明空气是有重量的。不仅如此，实验还利用空气质量与水质量的密度关系，粗略地测出空气的密度，从而否定了亚里士多德"空气没有重量"的说法。遗憾的是，伽利略在"自然界厌恶真空"的问题上非常保守，没有把自己"空气有重量"的实验结论与困扰抽水机的问题联系起来，因而错过了否定"自然界厌恶真空"的最好时机。

托里拆利在研究抽水机问题时，没有受到"厌恶真空"的干扰，他把这个问题看作一个简单的力学现象。他认为，如果空气有重量，空气的重量就会压迫管子外面的水面；而在管子里面，活塞上升时，管子里面的水与活塞之间，留下没有空气的空间，当然也就没有空气重量的压力。在这种情况下，外面的空气重量形成的压力，就会迫使管子里面的水随活塞一起上升。空气的重量是有限的，水受到的推力也就有限，水就不可能升到任意高度。假定空气总重量只能托起10米高的水，继续抽水必然是徒劳的。

为了证实自己的设想，托里拆利进行了一系列实验。如果是空气重量的压力托起水，那空气重量的压力也应该会托起其他液体。他使用水银做实验。水银的密度大约是水的13.6倍。他猜想，水能升高10米，水银上升的高度就不会超过水上升高度的1/13.6。他将一根长约1.2米一端封闭的玻璃管注满水银，用手盖住开口端，然后把管子倒立，开口朝下插入盛满水银的容器，最后将手移去。正如他所设想的那样，水银开始流出，最后在管子里留下约76厘米高的水银柱。同时，不能说意外，但还令人惊喜的是，在管子的顶部留下一段空虚空间（实际上还有极少量水银蒸气）。这是有史以来第一次实现人造真空，至今仍被称为托里拆利真空。

为了进一步证实管子顶部的空间确实是真空的，托里拆利还设计了另一个实验。他在重复完成上述倒立水银管，

获取管子顶部虚空空间的实验基础上，再在水银槽里倒入一些水，水自然是浮在水银面上。然后慢慢提起管子，当开口端从水银里出来进入上层水中时，管中水银瞬间全部流出管子，而水立即涌入并充满管子。这说明水银面到管顶部的空间确实是真空。托里拆利还做过测定大气压强的实验。托里拆利分析，空气重量的压强应和760毫米高水银柱的压强相当，并测算出大气压强约为101千帕。他还提出可以利用水银柱高度来测量大气压，并发明了水银气压计。后人为了纪念他，在制定压强单位时，将1毫米水银柱产生的压强定义为1"托"。托里拆利在观察中还发现，水银柱的高度每天都会有微小的变化。他猜测：这是由于大气压强随时都有变化。托里拆利还认为，空气的重量是有限的，空气的高度就是有限的。位置越高，上面的空气就越少，大气压强就越小。托里拆利在1647年的去世使他未能证实这些猜测。

托里拆利的实验结果刚出来，就遭到信奉亚里士多德观点人的反驳。他们不相信大气压强每平方厘米约1千克，因为一个成年人的人体表面积约有2米$^2$，由此推算人体表面所承受的总压力相当于20吨的重物。人能承受这么大压力吗？不仅一些学者反对真空理论，宗教界更是万分恐惧真空的存在。在意大利，他们对托里拆利的实验结果实行控制，不敢让真理的声音传播开来。尽管如此，实验的结果还是很快传到欧洲各国。

## ● 马德堡半球的故事

"自然界厌恶真空"的思想是根深蒂固的。托里拆利在意大利的真空实验，并没有立即被世人接受，直到法国的帕斯卡和德国的格里克，做了一系列令人信服的实验之后，"厌恶真空"的谬论才从人们的观念中被彻底驱逐。

法国科学家帕斯卡听到托里拆利的实验结果后，将信将疑。他反复用水和水银做实验，结果都和托里拆利的结果一样。但对托里拆利的解释仍不完全相信，直到他做过一个关键性实验后，才改变了看法。帕斯卡推测：如果说水银的高度有变化，是由于大气压强的变化，那么在海拔较高的地方，空气较少，气压就小，水银柱就应该更短些。帕斯卡跑到一座高塔上做实验，他发现水银柱的高度在塔顶上要比在塔底时稍微低些。

帕斯卡对高塔上的实验结果还不放心，便于1648年写信给住在多姆山的姐夫帕里埃，请他帮助进行实验。他们从山脚到山顶设立若干个观测站，每个站上装置一个根据托里拆利真空实验制作的水银气压计。通过对不同海拔高度的水银柱高度的观测，发现水银柱高度确实随着海拔的升高而降低。帕斯卡实验又一次验证了大气压强的确存在。帕斯卡还

将观测数据列表，标明气压计高度随观测点高度的变化情况，这个表可用来确定大气在地球上空延伸的高度。他还精确地计算出，在海平面以上，每升高12米，水银柱就降低1毫米。帕斯卡的这个发现被广泛应用于地学研究和航空技术。

帕斯卡的实验证实了：空气的质量是有限的，空气不是无限地向上伸展。这就向人们揭示了这样一个事实：在大气层外的宇宙深处，那里必将是一个巨大的真空空间，真空不仅是存在的，而且是这个宇宙存在的主要形态。

继意大利和法国科学家的实验研究之后，最有说服力的大气压强实验发生在德国的马德堡市。马德堡市市长名叫奥托·格里克，他于1602年出生于马德堡的一个贵族家庭。他早年攻读过法学，后来改学数学和力学，当过工程师。在欧洲30年的战争中，他投身于帮助马德堡这个城市巩固城防。在战争中，他的城市战败，并遭到对方的摧毁，格里克一家仓皇出逃，财产尽失，仅以身免。后来他回到马德堡，加入到重建家园的队伍，由于他工作出色，1646年被选为马德堡市市长，并连任35年。

格里克正在做抽气实验

格里克对当时争论不休的真空是否存在的问题发生了兴趣，但他更注重实验。他在不甚了解托里拆利实验的情况下，独自设计各种有关真空的实验。格里克发挥了工程师的才能，制造了第一台抽气泵。这个发明对气体的物理性质的研究有重要意义。他最早设计的抽气泵是用一只木桶，缝隙用沥青密封，桶里充满水，将水抽空后，木桶内就会成为真空。但当他将水抽空时，他听到空气穿过木桶缝隙的声音，实验不成功。格里克又重新设计一种用铜制作的空心球，他用抽气泵抽出容器中的空气，获得了很高的真空。格里克在真空容器中做了许多实验。一个嘀嗒作响的钟放进真空容器中，外面的人就听不到钟响的声音，说明声音是不能在真空中传播的；蜡烛放到真空容器中，火立即熄灭，这表明空气的存在是燃烧的条件；动物放在真空容器里会很快死去；食物放入真空中可以长时间地保存；等等。格里克还用抽气泵做了一个有趣的实验。他在钢筒内的活塞上端联结一根绳索，找来50个人

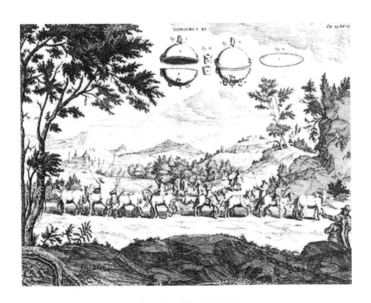

著名的马德堡半球实验

向上拉住绳子，他将钢筒内的空气慢慢地往外抽，尽管几十个人拼命向上拉，活塞仍然在空气压力的作用下缓慢下降。

1654年，格里克为了让更多的人看到真空的威力，在马德堡市中心广场，举行了一次轰动世人的实验。他邀请了许多人，还特请德皇斐迪南三世亲临现场观看。格里克准备了两个铜制的空心半球，直径大约40厘米，在两个半球之间垫上皮圈，合在一起并用油脂密封，制成不漏气的空心球。他先将密封好的空心球灌满水，再用抽水泵将水全部抽空，球内就形成了真空。再将两个马队分别拴在两个半球上，沿相反方向奋力拉去，然而几匹马竟拉不开两个小小的半球。如果把气嘴打开，让空气重新进入，空心球轻松地就被分开了。重复上述实验，加大马队的数量，直到两边各有8匹马，共16匹马时，两个小小的铜制空心球才被拉开。

格里克的实验让在场的人亲眼目睹了空气压力的巨大威力，在德国引起了轰动。这次表演在历史上被称为"马德堡半球实验"。据说是在这个时候，格里克才详细地知道了托里拆利的实验结果和分析，他明白自己的实验都是由于空气有重量的原因，是大气的压力作用的结果。马德堡半球实验虽然没有给托里拆利真空理论增加新内容，但是格里克的表演起到了很好的鉴定作用，并促使学术界理解和接受了托里拆利的真空理论。

## ● 真空并不讨厌

虽然古代学者们曾认为"自然界厌恶真空"，然而现代科学技术却"钟情"于真空。在日常生活中，各种利用真空的事例比比皆是。用塑料吸管喝饮料，管中的空气被吸出来，其中形成真空，周围大气压迫使杯中的饮料进入了吸管。有一种塑料挂钩，把它的小碗形状的橡胶底座扣在平滑的表面上，挂钩就粘在上面了。这是因为橡胶碗中的空气被挤出来形成了真空，大气压力的作用将挂钩"粘"在了墙上。平时用的保温瓶、保温杯有两层壳，中间的空气被抽空，利用真空隔热的原理起到保温作用。利用真空隔热原理还可以制作各种低温液体的储存器，这在低温工程及超导行业里有广泛应用。白炽灯泡的发明也是利用真空技术，灯泡里的灯丝是用钨丝做的，在空气中发光很快就会燃烧掉，将灯泡里的空气抽空，再充入少量惰性气体，灯丝才能正常发光，并可以延长灯丝的寿命。超级市场里许多食品的包装都使用了真空包装技术，真空中氧、水及细菌都很少，食品不易变质。此外，书籍、字画也可以用真空方法进行脱气处理。书籍经过100多年后，就慢慢变脆，容易损坏，主要原因是在空气中的书籍显酸性。将书放入真空室中，使书脱气，

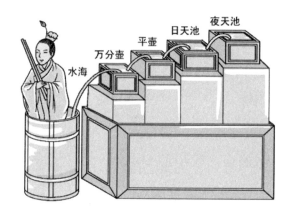

我国古代发明的"刻漏"

再充入二乙基锌气体，与纸中所含的酸性物质中和，经过这种处理的书籍可以保存500年以上。真空技术还有很多的用途，诸如真空冶金、真空干燥、真空浓缩、真空过滤、真空镀膜等。

其实，我国古代劳动人民很早就掌握了利用大气压强的方法。春秋战国时期，人们创造了"排囊"用来炼铁，这是一种类似皮老虎的鼓风装置。"排囊"利用真空原理吸入空气，再把空气推入炼铁炉。西周时期，出现了一种计时用的装置叫漏壶，或"刻漏""滴漏"。它是利用漏壶中的水面高度与时间的关系来计时。它由好几个高低不同的漏壶组成，壶与壶之间用渴鸟来引水，渴鸟就是利用大气压强来引水的，相当于现代人用的虹吸管。这是世界上最早利用真空原理的引水方法。到了宋代，出现过类似真空抽水泵的实际应用。《武经总要》中记载着一个用竹子引水上山的事例：在竹筒内燃烧松桦或甘草，可起到减少空气，降低竹筒内压力的作用，竹筒中的水就会在外面大气压的作用下上升。

早在古希腊时期，住在西西里岛的居民就已经认识到空气压强的作用。他们普遍使用一种叫"库雷普修德拉"的汲水工具，这种汲水工具有多种类型，外貌像各种各样的壶，中间是空的，手持的上端可长可短，都留有小孔，下端是壶状的容器，底部有许多小孔。在取水时，拿住持柄将其插入水中，水便从底部的众多小孔流入，然后用手指按住上端的小孔，同时将汲水工具提上来，而壶中的水并不流出来，直到要把水放入水缸中，才松开上端的手指，水就自然流出来。从中可看出西西里岛的居民是如何聪明地利用大气压强的。

生活中的真空与物理学上的真空有所不同，通常说的真空是相对大气压强而言的。什么条件下才算真空呢？如果在一个密闭的容器里，其空气压强远小于一个大气压，此时的气体状态就称之为真空。日常用的暖水瓶的内外壳之间的空气，就需要抽到气压仅为100帕，约为千分之一个大气压，我们可以称之为真空了，此时空气分子大量减少。一个大气压强下，每立方厘米的体积中含2690亿亿个气体分子。普通真空电子管的真空度要比暖水瓶高得多，气体压强仅为$1.3 \times 10^{-4}$帕，此时每立方厘米体积内分子数目约为350亿，约为一个大气压时的十亿分之一。体现尖端技术的加速器里都有一个真空室，它的真空度已能达到$1.3 \times 10^{-10}$帕，在那每立方厘米的空间里，还含有几万个分子。在地球表面，用最先进的抽气方法能获得的最低压强为$10^{-12}$帕，每立方厘米的空间里仍会有数百个分子存在。大气的密度和压力随高度按指数率递

减，距地球表面500千米的大气层称外逸层，那里的空气极其稀薄，每立方厘米不到7个原子。而在宇宙空间里，真空度可达$10^{-16}$帕，在那里，每立方厘米的空间内可能还遇不到一个粒子。可见，我们平时说的真空是指远低于一个大气压强下，气体分子数量很少的空间，甚至可能少到遇不到一个分子。当然，这里指的是技术上的真空，主要关心的是"空的程度"，是有一定范围、有度量单位的概念，并不特指所谓什么都不存在的"虚空"。

20世纪初，真空电子管的发明揭开了电子学迅猛发展的一幕。电子管种类很多，应用也很广泛。如电视机、计算机上的显示器，各种示波器、功率管、电子束管等，正是这些电子管的大量发明和使用，才诞生了第一代的收音机、电视机、电子显微镜、雷达、电子计算机以及通信卫星等等。电子管对真空度要求都比较高，一般都在$1.3 \times 10^{-4} \sim 1.3 \times 10^{-6}$帕。继电子管之后，半导体、大规模集成电路和超大规模集成电路相继问世，而这些电子器件的制作都离不开真空技术，对真空的要求也越来越高。用现代最先进的技术手段，在地面实验室可以达到的真空度为$10^{-12}$帕。如果要制造厚度只有几个原子直径的超大规模集成电路，要求真空度达到$10^{-12} \sim 10^{-14}$帕，这就需要到宇宙空间去，那里的真空度可以达到$10^{-16}$帕。不难想象，未来最好的电子器件将来自宇宙空间里的"真空工厂"。

## ● 狄拉克"戏说"真空

从17世纪的托里拆利做真空实验成功，到19世纪末汤姆孙发现电子这一时期，人们逐渐地抛弃了亚里士多德"自然界厌恶真空"的思想，开始相信在这个宇宙里，一无所有的"真空"是存在的。然而事物的本质不是一次观点的否定就能认识清楚的。进入20世纪，物理学迎来了一场大革命，相对论和量子力学的诞生，给世界的影响是巨大的，也改变了我们对空间的认识。英国物理学家狄拉克提出的"空穴理论"给我们描述了一幅新奇的真空图像，使人们对真空的认识发生了一次重大的飞跃。

狄拉克1902年生于英国的布里斯托尔，从小喜爱自然科学，16岁进入布里斯托尔大学攻读电工专业。考虑到英国战后经济萧条，工程师难找工作，遂于毕业前转学数学，毕业后进入剑桥大学圣约翰学院攻读数学物理专业研究生。在此期间，他开始研究量子力学，1926年获哲学博士学位。1928年提出电子的相对论性运动方程（狄拉克方程），奠定了相对论性电动力学的基础，该理论赋予真空以新的物理意义，并预示了正电子的存在。1930年，狄拉克被选为英国皇家学会会员，同年出版其重要著作《量子力学原理》，1932年起他开始任剑桥大学卢卡斯讲座数学教授（牛顿曾任此职）。1933年由于在量子

力学和反粒子理论研究工作中的贡献，狄拉克获得了诺贝尔物理学奖。1935年他曾应邀来中国清华大学讲学，并曾被选为中国物理学会名誉会员。1984年逝世。

狄拉克有幸成长在经典物理学向现代物理学转变的年代。1897年，英国物理学家汤姆孙在研究阴极射线时发现了电子，打破了原子不可再分割的说法。卢瑟福于1911年提出原子有核模型，确立了原子的基本结构。在此之前，1900年，德国的普朗克第一次将能量子的概念引入物理学，提出能量的辐射与吸收只能是一份一份不连续地进行，这是现代物理学中的量子论的开端。受此启发，1905年爱因斯坦提出光量子论，并提出了著名的爱因斯坦光电方程。在同一年，爱因斯坦还提出了狭义相对论。1913年，丹麦的物理学家玻尔在他的导师卢瑟福的原子有核模型基础上，提出具有量子化思想的原子结构模型。

对狄拉克来说，玻尔的模型十分重要，因为狄拉克就是通过研究玻尔模型以及后来的薛定谔方程才取得成功的。玻尔模型研究的对象是氢原子，如果用光谱仪对氢原子发出的光进行拍摄，在底片上会留下一系列细长线条，这些线条就是氢原子的"光谱线"。当时的一个问题就是每条光谱线的波长只能用仪器测量，而缺少一个理论公式可直接计算。后来一位瑞典的中学老师找到一个公式，可以很好地计算氢原子以及其他原子的光谱线的波长，这就是"巴耳末公式"。但巴耳末公式并不能解释原子光谱为什么不是连续的。玻尔受巴耳末公式启发，决心寻找氢原子结构与氢原子发光规律之间的关系，最终认清了原子的内部结构。

玻尔假定电子只能沿特定的轨道绕原子核运动，在定态轨道上运动时不辐射能量。原子有许多能量轨道，电子在每一个轨道运动，原子就有相应的能量。电子从一种高能级（或低能级）轨道跃迁到另一种低能级（或高能级）轨道，原子就会辐射（或吸收）一定波长的光，光辐射的能量恰好等于这两个能级的能量差。通过这些假定，玻尔得到一个简单公式，它不仅与巴耳末公式完全吻合，而且能算出更多的光谱线的波长，并很好地解释了原子辐射时所对应的光谱不连续的现象。因此，玻尔的量子思想原子模型很快得到大家的认可。尽管模型很成功，可还是有许多精细的光谱现象不能解释。此外，他给电子硬性"规定"轨道，不准在其他轨道上运动的做法也显得不合理。

奥地利物理学家薛定谔早就看出玻尔的原子模型的问题，是因

原来真空并不空啊

为它不是彻底的量子理论模型，而是旧的经典物理与新的量子理论之间妥协的产物。薛定谔便开始寻找更好的理论。在此之前，法国的德布罗意提出电子具有波粒二象性：电子不仅是粒子，也是一种波，也有"波长"。甚至还预言电子波也会像光波那样发生衍射现象。薛定谔受到波粒二象性思想的启发，建立了波动力学，并很快找到一个新的方程式，很好地描述了电子运动规律。在薛定谔方程中，电子可以在任何空间运动，只是它们出现在玻尔规定的轨道上的概率要大得多。

狄拉克在读研究生期间，就开始了对量子论的探索。1928年，他在研究薛定谔的波动方程时，注意到薛定谔方程与实际现象的差距是由于该方程不完全符合相对论。他将薛定谔方程加以改造，得到描述电子运动的相对论性电子运动方程，这就是著名的狄拉克方程。如此一来，量子力学和相对论在狄拉克方程中得到统一，相对论性量子力学也最终建立起来了。

狄拉克方程在解释粒子物理性质、光谱现象和化学周期变化方面，比以往任何方程都成功。尽管如此，问题还是有，这就是"负能"问题。在狄拉克的相对论性方程中，电子的能量遵循爱因斯坦相对论中的能量与动量关系公式，一个电子的能量有正、负两个值。在经典物理学中，负值往往作为增根而舍去。

狄拉克是很赞赏爱因斯坦的唯理论科学方法的，他认为一个好的理论应该具有"美"，一种科学美。它应具有高度的对称性、简单性、和谐及统一。狄拉克认为在量子力学中，是不能将负值作为增根删去的。从对称的角度看，负值能量应该存在，负值对应电子一个运动状态，是有物理意义的，也就是说电子可以处在负能状态。

对于狄拉克的"电子具有负能态"的说法，科学家们感到不可思议，"负能电子"？自然界从没出现过。他们还指出"负能态"会引发很多矛盾。比如，负能态是没有下限的，按量子力学原理，一个处于正能态的粒子就可以无限制地向更低能级跳跃，这就会造成原子结构不稳定，这与事实不符。另外，电子与其他粒子相撞并损失能量后，它可以跃迁到负能级并不断加速，直至速度等于光速。这又是相对论所不容许的。这就是所谓的"负能困难"问题。参与创建量子力学的海森堡都无法掩饰其困惑的心情，在给友人的信中称狄拉克的理论是"最令人悲哀的一章……"，"狄拉克的论文又一次把我们抛到了海里"。然而仅过了一年，还"浸泡"在狄拉克"负能苦海"里的科学家们，又听到狄拉克开始"戏说"真空。

1929年，狄拉克为了解决"负能困难"，挽救他的理论，提出一种新的真空理论，即所谓"空穴理论"。按照狄拉克的理论，物理真空并非纯粹的"虚无"，而是所有电子负能态的"空穴"全被电子填满，形成一种所谓"负能态的电子海洋"。由于是"负能电子"，用我们最先进的仪器也是观测不到的。与此同时，正能态的能级都是空着的。这样，当所有负能态均被电子填满时，正能态电子不可能再跃迁到负能态上去，这就保证了原子结构的稳定。对于负能态里的电子，只要受到外界传递给它足够的能量，这些负能态电子就会被激发，并从负能态跃迁到空着的正能态上来，这种"无中生有"的电子我们应该能观测到。原来的真空失去一个负能态电子，留下来的"空穴"就相当于一个有正能量的带正电的粒子。除了电荷为正、磁矩与电子相反外，这个粒子的质量、自旋等性质与电子一样，可以称反电子。

"空穴"是一种反物质概念，它实际是在预言反物质粒子的存在时而提出的。由于当时具有正电荷的粒子只发现了质子，而质子的质量比电子大很多，不可能是电子的反粒子。因此，狄拉克斗胆预言："如果存在一个空穴的话，它将是一种实验物理尚不知道的新粒子，它具有与电子相同的质量和相反的电荷。"狄拉克的这套真空理论实在出人意料，绝大多数科学家一开始都持怀疑态度，还有人说他在故弄玄虚。

现在我们对真空是这样认识的："物理真空"并非纯粹的"虚无"，而是电子负能态的"空穴"全被电子填满的状态，与此同时，正能态的能级都是空着的，即不存在实物粒子。也就是说，真空是负能态填满而正能态虚空的状态，是能量最低状态。要说明的是，我们现在说的"真空并非虚无"与亚里士多德"自然界厌恶真空"的思想不同。古代人头脑里的真空，显然是指没有实物存在的空间。"自然界厌恶真空"仅表明古代人不相信存在没有实物的空间。现代真空理论首先认为技术真空可以存在，同时认为在那里还有能量存在，而并非虚无。至此，反物质世界开始进入了科学家们的视野。

# 三、第一个反粒子的发现

狄拉克的求解方程得到的结果是有趣的，但是人们难以理解。狄拉克对真空的"演义"虽不失生动有趣，可这是真的吗？疑问之余，想去真空中寻找"空穴"的人基本上是没有的。然而，正电子却跳入了科学家们的"圈套"，并为科学家所俘获。

## ● 电子发现的历程

到20世纪30年代，人们只知道有4种粒子，这就是电子、质子和光子，以及当时刚刚发现的中子。这些粒子的发现主要与原子结构的研究和电磁场的研究有关。一般来说，原子由原子核和核外的电子构成，而原子核又由质子和中子构成。光子是传递电磁力的一种"媒介"粒子，后来随着粒子物理学的发展，人们又相继发现了一些媒介粒子。

在这几种粒子中，电子是英国物理学家J.J.汤姆孙发现

**英国科学家汤姆孙**

的。电子的发现打开了微观世界的大门，揭开了20世纪粒子物理学舞台的序幕，而且为新兴的电子科学技术奠定了基础，像电子管中运动的粒子就是电子。

关于电子的粒子性研究，可以追溯到阴极射线的研究。汤姆孙设计了一组巧妙的实验，令人信服地证明阴极射线是一种粒子，并且命名为电子。在这之前，一些科学家还以为，阴极射线是一种电磁波。但是，作为一种粒子，它的质量是多少呢？因为它太轻了，汤姆孙还无法进行测量。但他测量了电子的电荷与质量之比（也叫作"荷质比"）。由此汤姆孙推断，假如电子的电荷与氢离子一样，那电子质量尚不足氢离子质量的千分之一。

有了荷质比，虽然电子的质量还是无法测量，但可以测量电子的电荷，通过荷质比，再算出电子的质量。可是如何测量电子的电荷呢？这就要谈到美国物理学家密立根了。

密立根上大学时主修的是希腊语，对物理学只是略感兴趣。可是毕业时突然转变了志向，他在中学教了几年的物理课就去攻读物理的硕士学位，并对物理学表现出极大的兴趣。当他获得了硕士和博士学位后，他又去德国学习，回国后他被芝加哥大学聘为教授。

1906年，密立根开始了测定电子电荷的实验。他的方法很巧妙。他先让小水滴带上电荷，并放在两个带电的平板之间，观察小水滴的上下运动情况。但小水滴有一个很大的缺点，小水滴不到一分钟就挥发了。后来他用油滴来代替水滴。

这个实验的原理并不复杂。密立根控制两块金属板之间的电压，使油滴处于平衡状态；再去掉两块金属板的电压，让油滴只受到重力和空气的阻力，测量油滴受到的阻力。比较这两种情况，就可以得到油滴所带的电荷。改变条件，重做这样的实验，又得到另一个电荷值。不管这样的电荷值如何的不同，它们都是一个电子电荷的整数倍，经过简单的计算，就可以得到电子的电荷值了。

为了得到精确的值，密立根与他的学生先后测量了上千次，最终得到了精确的数值。值得指出的是，在这些学生中有一位名叫李耀邦的中国学生。李耀邦用的不是油滴，而是一种虫胶固体微粒。李耀邦也因此获得了博士学位。

由于密立根的贡献，他获得了1923年的诺贝尔物理奖。另外，在测量电荷时，密立

美国科学家密立根

根测到一个"误差"很大的值。对此，密立根认为，这并不是测得的数值有问题，这是一个没有测量问题的数值，只不过它与平均值差得很多。不过密立根是一个具有诚实态度的科学家，他将这个数值还是写进了论文之中，看来"有问题的数值也要认真地记录下来"。因此，每当我们在做实验时都要记住，科学研究要诚实，不能记下虚假的数据。到此为止，人类基本上得到了电子的电荷和质量值了。

当人们接受了电子是一种最小的带负电的粒子的观点时，对电子的认识还不是完整的。20世纪20年代，法国一位名叫路易斯·德布罗意的物理学家提出了一种新的观点。

德布罗意在欧洲是一个有名的姓氏。在这个大家族中出了许多政要人物和高级军官。到20世纪，这个家族中却出了两个完全不同的人物，即莫里斯·德布罗意和路易斯·德布罗意兄弟，他们都步入了科学的世界。

本来路易斯·德布罗意已取得了历史学位，但由于20世纪初物理学发生了天翻地覆的变化，这就将路易斯·德布罗

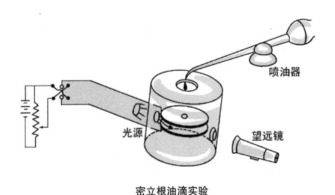

密立根油滴实验

意吸引到物理学的领域。在学习之初，他有问题就向哥哥请教。可是不久第一次世界大战爆发了，他就到法国军队服役，做无线电通信工作。他的部队驻防在巴黎埃菲尔铁塔附近。一有闲暇，他就研究物理问题。

法国科学家德布罗意

战后，他仍回到哥哥的实验室学习和工作，并且开始思索一些新的问题。他知道，爱因斯坦提出了一种新的观点，光既是粒子，又是波。这种观点就是光的"波动—粒子二象性"观点，简称为"波粒二象性"。

在经过认真思考之后，德布罗意认为，除了光，一般的物质是不是也应具有这种波粒二象性呢？也就是说，我们都知道物质由微小的粒子构成，此外它还应具有一种波动性质。这就好像打高尔夫球，球高高地飞起时，它的轨迹并不像我们看到的那样。

许多人都觉得这种观点很荒唐。"可笑"的是，德布罗意竟要以此来申请博士学位。他的导师（也是他哥哥的博士导师）也觉得这种观点有些荒唐。不过，也许这观点是不是真的有些价值呢？老师还真的有些拿不准。为此，他写信给爱因斯坦。爱因斯坦看过德布罗意的论文之后，非常欣赏德布罗意的观点，甚至赞扬德布罗意已经"揭开了大幕的一

角"。在博士论文答辩时，有的老师问他，如何证明电子也是一种波呢？德布罗意认为，电子通过晶体后，可以产生波动的效应。

● 类比的妙用

德布罗意的发现很重要，它使人类对微观的物质结构认识有了很大的进步。但是，德布罗意是如何提出物质波的观点呢？首先是爱因斯坦的光的波粒二象性观点的影响，德布罗意对此进行了大胆的推广，推广到物质的微观领域。另外一个重要的原因是德布罗意使用了一个重要的方法 —— 类比。

所谓类比的方法是，把关于一种特殊对象的知识推移到另一特殊对象的思维方法。这种方法是注意这两种对象之间的某些相似或相同的性质，再推出它们在其他方面也可能存在的相似或相同的性质。从逻辑推理上讲，这是一种或然性的推理，也就是说，由类比推出的结论不一定是可靠的。然而类比这种方法作为一种探索的方法，可以使人们在认识还不熟悉的事物时，借助已经很熟悉的且可以类比的事物，进而从已有的知识过渡到新的知识。因此，类比方法就像是一座可以过渡的桥梁。正如德国哲学家和科学家康德所说的，"每当理智缺乏可靠论证的思路时，类比这个方法能指引我们前进"。

德布罗意是怎样做类比的呢?

在研究电子的运动规律时,他将相对论与量子论结合起来,可是却出现了理论上的矛盾。为了解决矛盾,他将电子运动与人们熟悉的光现象进行类比。在几何光学中,物理学家在17世纪时就知道,光总是沿最短的路径运动,也就是光程最短原理。在经典力学中,物理学家在18世纪时提出了一条类似的原理,即力学上的最小作用原理。这两条原理是物理学上很重要的原理,物理学家们都很熟悉这些原理。它们的数学形式非常相似,说明光粒子的运动和质点的运动有共同的地方。德布罗意认为,既然光具有波动和粒子的双重性,那么物质粒子为什么不能具有波动和粒子的双重性质呢?如果这是真的,它们的数学形式也应是相似的。这样他就找到了电子的波动公式。

也许有人会说,德布罗意的研究也太简单、太容易了。这话只说对了一半,很简单不假,但并不容易。德布罗意的研究成绩说明,他对物理学的研究并不停留在一个领域中,不只限于一些问题上,而是富于联想,大胆类比,认真论证。这样,他为此而获得了诺贝尔奖也就不奇怪了。

● 电子真的是波吗

　　说归说，做归做。真正找到电子波动性证据的是美国贝尔电话实验室的两位科学家戴维孙和革末。有趣的是，开始他们还以为实验出了问题。这时J.J.汤姆孙的儿子G.汤姆孙也进行了类似的实验。这样，电子的波粒二象性观点就得到了证实。德布罗意因此获得了1929年的诺贝尔物理学奖。此外，戴维孙和G.汤姆孙也一同获得了1937年的诺贝尔物理学奖。

　　说起来简单，实际上并不是如此的简单，特别是戴维孙等人的研究还走过弯路。

　　戴维孙是美国物理学家。戴维孙中学毕业后，在密立根的影响下，他考入了芝加哥大学，并受教于密立根，还曾一度做过密立根的助手。在上大学期间，由于付不起学费，他要一边教书，一边学习，但他的学习成绩是最突出的，深受密立根

美国科学家戴维孙和革末

的喜爱。后来曾在一些大学教书，在第一次世界大战期间，他到一家公司参加军用通信技术的研

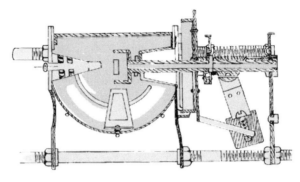

**戴维孙的电子衍射装置**

究工作。战后他并没有回到学校（因为他有一些口吃），这样，他就在这家公司的研究与发展部门做研究工作。这家实验室后于1925年改组成立为贝尔电话实验室。

在实验室中，戴维孙主要研究电子发射的问题。在最初的实验中，他用电子轰击镍晶体，并产生了次级电子发射。这使他对次级电子发射产生了兴趣，不过他对实验的结果并不明白，为此他又继续做了两年实验，但进展并不大。1925年实验出现了转机。戴维孙与他的年轻助手革末做电子束轰击实验，这一次出现了戏剧性的结果。

在实验中，由于氧气瓶爆炸，使实验用的晶体镍发生了严重的氧化。过去发生这样的事情，装有镍晶体的管子就报废了。但这一次，戴维孙决定修复这个管子。他在充有氢气的真空装置中将严重氧化的镍还原。这样花了两个月的时间才将管子修复。在重新开始实验时，奇迹发生了，他们得到了一些有趣的结果。对于新的实验结果，他们认为，这可能是由于晶体的结构发生了变化。为此他们又重新选用镍晶体，并进行了

大约一年的实验，但他们却未得到预期的结果。

1926年，英国科学促进会在牛津开会，戴维孙参加了会议。在会上他听到玻恩谈到他们在三年前的实验，并认为，他们的实验结果正好是德布罗意预言的电子衍射现象。这当然使戴维孙非常高兴了。在与玻恩的交谈中，玻恩要他认真研读薛定谔的文章，所以在回程的船上，戴维孙仔细阅读了薛定谔的论文。回到美国后，他与革末认真研究了薛定谔的论文，发现他们的实验结果与理论的预言还有一定的距离。这样，他们索性重新进行实验，并很快就找到了电子波动性的证据。

G.汤姆孙与戴维孙和革末不一样，戴维孙和革末是在偶然中发现了新的现象，并在艰苦的研究中证实了电子的波动性；而G.汤姆孙则比较顺利，他在一开始就看准了目标，因此他的研究还算是比较顺利的。

G.汤姆孙是J.J.汤姆孙的独生子。中学毕业后，进入剑桥大学三一学院，先学数学，后学物理。在父亲的指导下只做了一年研究，第一次世界大战就爆发了。为此他开始服役，并参加了一些军事方面的研究工作。战后他到

电子在石墨晶体上的衍射

一所大学任教授。不久他看到了德布罗意关于电子波动性的文章，并且很欣赏这篇文章。G.汤姆孙对此很有兴趣，还撰写了文章进行讨论。在英国科学促进会的会议之后，汤姆孙也开始了实验的准备工作，并在1927年获得了成功。与戴维孙不同，他是用赛璐珞薄膜做实验的材料。

戴维孙和汤姆孙的实验不仅对人们研究物质的微观结构具有重要的意义，而且戴维孙的电子衍射实验对电子衍射技术的发展产生了重要的作用。

● 粗心的实验

说到19世纪末20世纪初，那真是一个激动人心的年代。X射线、放射性和电子被发现了，并且还有一些难题要科学家解决。在解决这些难题时，人们建立了量子论和相对论等新理论。

在放射性发现之后，居里夫妇很快就投入到放射性元素的研究之中，由于他们在放射性研究上的杰出贡献，他们与贝克勒尔一起获得了1903年诺贝尔物理学奖。遗憾的是，1906年居里死于一次车祸。

居里的死不仅使他们刚刚开始的科学事业遭受到极大的损失，而且也破坏了美满的家庭生活。尽管居里夫人在精神上受到巨大的打击，但她还是很快从痛苦中解脱了出来。在

**小居里夫妇在工作**

工作上，居里夫人承接了居里的教学与研究工作；在生活上，她还独立承担了养育两个女儿的责任。

在两个女儿中，大女儿伊伦·居里对科学很有兴趣，并表现出很好的天赋。在第一次世界大战期间，伊伦随母亲居里夫人到前线做放射医学知识的普及工作。战后，她又担任了母亲的实验助手。后来，居里夫人因健康原因退休后，伊伦·居里就接替了母亲的工作。

1925年，居里家里的生活发生了变化。这时，居里夫人的实验室来了一个小伙子，他的名字叫弗雷德里克·约里奥。他帮助居里夫人做一些工作，不久任务完成了，并留在了实验室。在这期间，他和伊伦·居里彼此之间产生了爱慕之情，1926年他们结婚了。居里只有两个女儿，为使"居里"的姓氏传下去，弗雷德里克·约里奥就改叫弗雷德里克·约里奥—居里，伊伦叫伊伦·居里—约里奥。

结婚之后，两人在科学研究上也像居里夫妇一样，相互合作、相互促进。这一对年轻夫妇——我们常称作"小居里夫妇"或"约里奥—居里夫妇"——在科学研究上毫不逊色于父母。与老居里夫妇一样，他们一生做出了许多漂亮的研究工作，但同时也经历了一些"失败"。

例如，他们的实验中产生了中子，但他们没有意识到，结果被查德威克捷足先登。中子的发现非常重要，发现人理应得到诺贝尔奖。在讨论时，有人认为，小居里夫妇应与查德威克分享。对此英国物理学家卢瑟福认为没有必要。他说道："发现中子的诺贝尔奖应该单独给查德威克一个人，至于约里奥—居里夫妇嘛，他们是那样聪明，不久就会因别的项目而得奖。"结果，小居里夫妇与诺贝尔奖失之交臂。

但这样的遗憾不止一次。在1930年，德国科学家玻特和贝克尔发现，用$\alpha$粒子轰击铍时，从铍原子核释放出一种神秘的射线。他们称它为"铍辐射"，它的贯穿本领很强，可以穿透厚铜板。他们猜测，这大概是一种很强的$\gamma$射线。

小居里夫妇注意到这种新实验。他们使用了更强的辐射源，并让"铍射线"穿过石蜡或含氢的物质，发现新产生的辐射更强了，并且打出了质子。同样，他们也把铍辐射看成一种$\gamma$射线。这种强射线所以能从石蜡中打出质子，这是由于$\gamma$射线从石蜡中打出了氢核，即质子。

小居里夫妇在做实验时，还用云室观察所产生的辐射，看到了一种奇怪的粒子径迹，看样子很像是反方向飞行的电子。这是怎么回事呢？

● 赫斯发现了宇宙线

在研究这种奇怪的粒子之前，我们还要从宇宙线的研究说起。

最初，卢瑟福发现，在空气中有一些无法消除的放射线。后来，有人做了进一步的研究，发现在几十米、几百米高的大气中也存在这样的射线。这时，一位奥地利青年很好奇，他要到高空去看个究竟。

这位青年的名字叫赫斯。赫斯曾在格拉茨大学和维也纳大学读书。1908年，他到维也纳大学的镭学研究所工作，并在此工作了10年。赫斯不仅是一位物理学家，他还是一位气球飞行爱好者。他刚到镭学研究所时，发现人们都注意空气中的放射现象，这自然也引起了赫斯的注意。

在航空俱乐部的协助下，赫斯做了一些气球。1911年，赫斯开始实验。当气球升到1070米时，辐射强度与地面上的测量差不多。1912年，他的气球可以升到5350米。从全程测量来看，在最初的上升过程中，辐射强度有所下降，到800米的空中时略有上升；升到1400米以上时，其强度明显高于地面的测量值；到5000米时，强度已高出地面的几倍。赫斯注意到，无论是白天，还是黑夜，他的测量结果都是一样的。显然这与太阳辐射无关。

升空的热气球

赫斯的发现，一方面确定了外空间辐射的存在，为此开辟了一个广阔的研究领域。另一方面赫斯的行动也激起许多科学家的好奇，使他们投身到宇宙辐射的研究中去。有一位科学家还将气球升到9000多米，他测量到的辐射强度为地面值的50倍。这支持了赫斯的猜想——随着海拔高度的增加，辐射强度也增加。

由于赫斯的开创性研究，人们最初将这种辐射叫作"赫斯辐射"，但后来，密立根起了一个更好的名字——"宇宙射线"，今天也简称为"宇宙线"。有趣的是，密立根认为，宇宙线发源于宇宙的边缘，在这里上帝不停地制造物质，宇宙线是物质"出生时的啼哭"。密立根的解释不足信，但对于宇宙线的研究，密立根是充满热情的。他将仪器安装在气球上或飞机上进行测量，同时也将仪器沉入湖底测量宇宙线。

赫斯的发现很重要，人们从宇宙线获得了许多天体物理学的研究材料。在粒子物理学的早期研究中，宇宙线也发挥

了重要的作用。宇宙线的研究还使人类对自身生存环境有了更深的认识，尤其对长时间停留在外层空间的宇航员就更有意义了；同时宇航员在外层空间的活动中，宇宙线的研究也是他们的研究项目之一。

## ● 安德森的发现

大约就在赫斯发现宇宙线的同时，J.J.汤姆孙的学生威尔逊发明了一种研究粒子的重要装置——云室。他研究这种云室就花了10余年的时间，在1911年获得了成功。所谓"云室"就是一种充满蒸汽的容器。由于蒸汽是饱和的，当微小的带电粒子穿入这充满蒸汽的云室时，在这些粒子周围会聚集着一群细小的液珠，并在粒子径迹上形成一串气泡串儿。这也就显示出粒子的径迹了。

1930年，密立根的学生安德森开始在密立根的指导下研究宇宙线。与别人的研究不同的是，安德森在他的研究中应用了云室技术。

在研究时，安德森先设计了一块铅板，用以隔开云室。这块铅板并不能阻止宇宙线，但可使宇宙线中的粒子速度放慢。把放慢速度的粒子引入磁场中，它们在磁场中发生了明显的弯曲（如果没有铅板作用，宇宙线中的粒子速度太大，它几乎不会被弯曲）。

1932年，安德森在云室中发现，有一种粒子的行为很像是飞奔的电子，但是弯曲的方向与电子正相反。这与小居里夫妇的发现很相似，只是安德森是在研究宇宙线时发现的。怎样解释这种现象呢？安德森认为，这很可能是一种带正电的"电子"，它与电子只是带的电荷相反，别的都一样。看样子，这是一个极其"普通"的发现。

其实不然，这正是英国物理学家狄拉克预言，那种可以具有负能量的电子，即电子的"孪生兄弟"——"反电子"。

"反电子"的名称易命名，但它的身份是否能得到确证则是另一回事。谁知道，只几年后，年轻的安德森就在实验中偶然地从宇宙线中发现了它。不过安德森并不知道狄拉克的研究结果。他要为自己发现的粒子起个名字。与狄拉克的想法不一样，因为新粒子带正电，

磁场

那是安德森利用放在磁场中的云室，从宇宙射线中发现的正电子。

那小圆球是什么呢？

安德森发现了正电子

那就叫它"正电子"吧!结果,大家都叫这种粒子为"正电子","反电子"的名字就被人们遗忘了。

由于赫斯和安德森的发现,他们获得了1936年的诺贝尔物理学奖。

在安德森发现正电子后,小居里夫妇才认真地观察到,在他们的实验中,从放射源发射出了正负电子对。两个月后,他们又找到了单个的正电子。当然,这不是在宇宙线中找到的。


● 赵忠尧的遗憾


在安德森的研究工作之前,正电子不仅出现在小居里夫妇的实验中,而且安德森的"学兄"赵忠尧也进行了类似的研究。

赵忠尧是浙江诸暨人。家里的田地很少,父亲只得一边教书,一边行医,以补贴家用。尽管家里很穷,父亲还是希望子女都能上学,多读些书,做一个对社会有用的人。

赵忠尧在家里是最小的和唯一的男孩。虽然很受家长的宠爱,但他自己在学习上是很用功的。在上中学时还受到免缴学费的奖励。中学毕业后,他考入南京高等师范学校学习化学。不过,他对物理和数学也很有兴趣,学得很刻苦。大学毕业后不久,他到清华大学做助教,为物理系的实验室建设做出了贡献。

在工作之余，赵忠尧努力自修，一方面提高自己的数学和物理知识的水平，另一方面还认真学习法文和德文。经过不懈的努力，他于1927年获得了去美国留学的资格。

不久，赵忠尧到了美国加州理工学院，跟随密立根学习。这时他下定决心，要多学些东西，在将来回国后为国家多做些事情。不仅是要多学，而且他还要求自己不要总搞容易的课题。

在学习期间，密立根与赵忠尧商量研究的题目，他为赵忠尧布置了一个题目。可是赵忠尧认为，这个题目太容易，研究它不会学到什么东西，让老师给换一个题目。密立根虽有些不高兴，但还是给换了题目。对这个题目，赵忠尧还觉得不够难，希望再换一个题目。过去，一般情况下，老师布置什么题目，学生就做什么题目，还没有像赵忠尧这样换来换去的。密立根很不高兴，但还是换了题目。这是一个研究 $\gamma$ 射线在物质中被吸收情况的题目。赵忠尧接受了，并且圆满地完成了这个题目。

在研究中，赵忠尧让 $\gamma$ 射线穿过各种物质，他发现当 $\gamma$ 射线穿过像铅这一类重元素时， $\gamma$ 射线被吸收得很厉害，比理论计算的程度要厉害得多。

由于实验的结果与理论的预期差得很多，当赵忠尧把论文交给密立根后，密立根认为，实验可能有问题。这样，他把赵忠尧的论文搁置了两个多月。多亏了另一位教授，他说

服密立根将赵忠尧的论文送出去发表。结果，在赵忠尧论文发表的同时，还有两篇类似的论文被发表在别的刊物上。他们的实验装置不同，但结果却是一样的。

为什么γ射线被重元素物质吸收得这么厉害呢？赵忠尧还要做进一步的研究。在研究中，他还首次发现一种新的现象，在γ射线被强烈吸收的同时，还出现了一种特殊的光辐射。这也是当时的理论所不能加以解释的。

两年之后，安德森发现了正电子。当物理学家研究正电子的性质时，寻找产生正电子的原因和条件时，这才发现赵忠尧的实验是与正电子相关的。当强γ射线与原子核相作用时，就会产生一个正电子和一个负电子，即一个正负电子对。所谓光辐射就是这个正负电子对湮灭后产生的两个光子辐射对。

赵忠尧前后的两个新发现在国际上都是最先发现的，为正电子的发现做了奠基性的工作，同时他还最先从实验上观察到正负电子对的产生和湮灭现象。后来，安德森在回忆正电子发现过程时，他还特意提到赵忠尧的实验对他是有启发的，并且促进了他们的研究工作。20世纪80年代，杨振宁也仔细研究了赵忠尧的这两个实验。他认为，赵忠尧的实验研究对量子理论的发展具有重大的作用。

赵忠尧回国后，他仍然继续进行γ射线与原子核相互作用的研究。他撰写的论文，有的发表在国内的物理杂志上，有的发表在英国《自然》杂志上。当著名物理学家卢瑟福看到赵忠尧的研究论文后，十分赞赏赵忠尧的研究态度，指出赵忠尧在那样简陋的条件下还坚持不懈地做研究，是令人钦佩的，并且为赵忠尧的论文写了按语。

抗日战争时期，实验条件很差，不多的仪器是很宝贵的。有的仪器坏了，为了能继续使用，赵忠尧就自己动手修理。由于大后方的生活很苦，他还自己做肥皂，拿到集市上卖。由于质量很好，竟然受到大家的欢迎，得到的钱还能贴补家用。

抗日战争胜利后，为了赶上国际的研究水平，赵忠尧又到美国考察，并为国家购置加速器的部件。当中华人民共和国成立之后，他毅然决定把购置的实验器材带回国。当轮船到日本横滨时，他受到美国占领军的无理扣押。台湾当局试图说服他将器材带到台湾，并邀请他到台湾教书，但这遭到赵忠尧的拒绝。在各界人士的援助下，赵忠尧终于回到了祖国。

回国后，赵忠尧利用这些部件，主持建造了我国最早的两台质子静电加速器。这两台加速器对我国的一些加速器制作技术、对加速器的发展和核物理研究打下了基础，并且培养了一批技术人才。

赵忠尧不仅在核物理研究工作上为国家做出了重要的贡献，而且还在培养人才的教育事业上发挥了作用。1958年，当中国科学技术大学成立时，他创办了近代物理系，并亲自为学生讲授核物理的课程。

# 四、反物质的世界

正电子的发现证明了狄拉克关于"反电子"的设想，狄拉克还将这一思想进一步发挥。他在接受诺贝尔奖的演讲中讲："不管怎样，我认为可能存在负质子，因为迄今的理论已确认正、负电荷之间有完全的对称性。如果这种对称性在自然界中是根本的，那就应该存在任何一种粒子的电荷反转……"狄拉克的新设想还能被证实吗？也就是说反物质世界普遍存在吗？

## ● 原子核中的"粒子行为"

到20世纪30年代，当发现中子之后，人们立刻就开始认真思考原子核的组成和结构。当时苏联科学家伊凡年柯指出：原子核中的粒子有两种，这就是早已知道的核子——质子和新发现的中子。其中质子带正电，中子不带电。根据当时电磁学的知识，质子与中子之间、中子与中子之间都没有吸引和排斥的电磁作用，但质子与质子之间有电磁作用，而且是一种相互排斥的作用。两个质子之间，在一定的距离上，它们之间的相互排斥力是很大的。根据已知的原子核知识，被看作球形的原子核，它的半径很小，只有$10^{-15}$米。几十个质子"挤"在一个狭小的

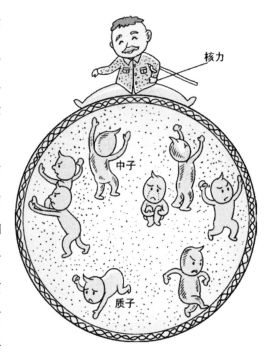

核子间强大的作用力

空间中，它们之间的电磁力早把这个空间撑破了。可是为什么原子核还是如此坚固呢？

对于这一点，德国著名科学家海森伯提出了大胆的见解。比起一种还未知的力，质子之间的电磁力还不够大。这是一种什么力呢？我们今天称这种力为强相互作用，或叫强力。

这种强相互作用十分强大，比电磁相互作用要大100多倍。这种相互作用不仅把质子与质子之间的力全部抵消，发生在中子与中子、中子与质子、质子与质子之间的强相互作用还有"富余"，足以使中子和质子"团结"一体，难以拆解。原子核就像一个扎紧口的袋子，里面装满质子和中子。

神奇的强力

要想把中子或质子从袋子中拿出一个来，那是很困难的，强相互作用将它们拴牢在一起。

有趣的是，这强相互作用虽然很强，可是它的"势力范围"很小，大约只有像原子核那样大小的范围。强相互作用是典型的"窝里蛮横"，处在稍微远点儿的地方，就不会感觉到强力的作用了。电磁相互作用则不然。虽然它比起强相互作用要弱得多，强相互作用可使质子在原子核内"一动不动"，但质子自身的电磁相互作用仍可远涉他方。这就是说，比起强相互作用，电磁相互作用要弱得多，但电磁相互作用的范围要大得多，可达"无限远"的地方。因此，质子虽"身陷"原子核中，但照样与电子发生相互作用。质子与电子之间有很大的吸引力，这使得电子想跑得"远"一些都不可能。

● 汤川秀树与介子

原子核中存在一种强相互作用，这种作用使中子与质子牢固地组合在一起。当时，大家知道，带电粒子之间的作用是通过"交换"光子束进行的，即一个带电粒子放出一个光子，同时被另一个带电粒子所吸收。海森伯假定中子与质子也可以"交换力"，中子与质子可以通过"交换"正电子而保持相互作用。海森伯、狄拉克和德国科学家泡利通过计算，所得到的静电力是符合库仑定律的。他们也认为，在原子核内还存在别的力。不过他们的理论还不能解释原子核中存在的核力。

海森伯的核子之间"交换力"的想法是很有价值的。这个想法对年轻的日本科学家汤川秀树有很大的启发，他决心搞清楚这种"交换力"。

汤川秀树出生在日本京都大学的一个教授家庭，父亲是从事地质学研究的科学家。中学毕业后，汤川秀树也考入京都大学，

日本科学家汤川秀树

并于1929年毕业于理学院。毕业后，他进入了大学的研究生院，开始从事核物理学，特别是粒子物理学的研究。1932年，他担任京都大学的物理学讲师，1939年任教授。

1934年，汤川到日本仙台市参加一个学术会议，并递交了一篇有关原子核研究的论文。开始，他与别的物理学家一样，认为核子之间的作用是通过交换电子形成的。他在操场上席地而坐，为同行们在沙土上写出方程式，但是经过仔细演算后，发现这是不对的。

这次失败使汤川十分痛苦，父亲见状就向他建议，是不是出国学习一段时间。但汤川秀树并不想出国学习。汤川秀树想，在我没有完成自己的研究工作之前，我是不会出国学习的。后来，他看到费米和其他物理学家的论文，发现这些论文关于核力的研究犯了与他一样的错误。这些失败使汤川认为，原有的认识是错误的，并开始探索新的途径。看来核子之间交换的粒子不是电子，这些粒子也不是像电子那么轻的。

在这一年，汤川又到大阪参加一个会议，他提出了一种新粒子，并为之起名叫"重光子"，质量约为电子的200倍。在1935年，汤川将这种新观点发表了。他认为，电磁相互作用是通过交换光子进行的，与此相似，原子核的核子之间存在"核力"，这种核力也应交换一种粒子。正是核子之间交换这种粒子而表现出不同于电磁力的"核力"。所以叫它"核力"，是因为这种力只存在于原子核中。由于核力作用的范围很小，我们就说，它的"力程"很短。一般来说，某种作用的力程越短，所交换的媒介粒子就越重；力程越长，所交换的媒介粒子就越轻。例如电磁相互作用的力程无限长，它所交换的媒介粒子——光子质量为零。核力作用范围越短，相应的媒介粒子质量就越大。

汤川计算之后发现，传递核力的媒介粒子质量约为电子的200多倍，相当于质子（或中子）的1／9。汤川还注意到这种媒介粒子的寿命很短。由于这种粒子的质量比电子大得多，比质子或中子小得多，也就是说，其质量介于电子与质子之间，所以就为这种新粒子起名为"介子"。

当汤川公开了他的研究结果之后，一些科学家就开始寻找这种粒子。1936年，曾因发现正电子而闻名世界的美国科学家安德森发现了一种新粒子，它的质量约为电子质量的200多倍。它的寿命也很短。安德森为自己发现的粒子起了名字，他用两个希腊语的词根拼出这个名字，叫"介子"。这个名字的意思就是，新粒子介于电子与质子之间。为此安德森的老师密立根还给丹麦科学家玻尔写信说明这一点。玻尔回信，表示他同意，并且提到费米和海森伯等人也同意安德森的命名。后来，有人也曾建议将这个新粒子叫作"汤川子"。当发现这个粒子并非是汤川预言的那个粒子时，也就作罢了。有趣的是，当玻尔到日本访问时，汤川曾当面与玻尔讨论交换粒子的问题，并说明了自己提出的新粒子。玻尔对这种新粒子很不以为然。玻尔像许多科学家一样，认为有几种"基本粒子"就够了，没有必要增多粒子的数目。因

此，当他了解了汤川的理论之后，他反问汤川："难道您真的希望新粒子吗？"

安德森为这个新粒子起的名字是"μ介子"。正当大家都很高兴的时候，一些人研究了μ介子，发现这种粒子根本就不与原子核发生作用。是不是搞错了，可那是谁搞错了呢？第二次世界大战结束之后，一些科学家又开始寻找汤川的媒介粒子了。

## ● π介子的发现

当赫斯开创了宇宙线研究之后，特别是安德森从宇宙线中发现了正电子之后，人们更加重视宇宙线的研究，同时，探测器技术的水平也不断提高。在这些研究中，英国剑桥大学的一个小组在探测技术上有了较大的改进。这就是英国科学家鲍威尔的小组。

鲍威尔于1903年出生在一个军械工匠之家。鲍威尔是靠奖学金进入剑桥大学的。他跟随卢瑟福和威尔逊做研究工作，在取得了博士学位后，到布里斯托尔大学做研究助理，后来还到海外研究地震和火山活动规律。但不久就回到了布里斯托尔大学，仍研究物理学。

最初，鲍威尔对云室很有兴趣，借助云室研究气体中离子的行为。但是云室也有缺点，只有在云室的体积膨胀时，才能看到云室中粒子的径迹。后来，虽然有人对云室做了改进，使云室自动膨胀。但是，如果恰在云室膨胀时，宇宙线中有些事件发生了，这就会影响对这些事件的观察和记录。

鲍威尔的探测方法是，他让宇宙线粒子打在照相底片的乳胶层上，使粒子在底片上产生径迹。这样，原来是先让粒子在云室中留下径迹，再拍摄照片，现在则改为让粒子直接在底片的乳胶层中形成径迹。当然这种方法曾经被一些人使用过，但效果并不好。鲍威尔在20世纪30年代对这种方法做了很大的改进，特别是，这时出现了感光性能更好的乳胶，并且在第二次世界大战之后，照相乳胶的性能有了更大的改善，并使得新的照相方法更加完善。此外，在第二次世界大战期间还发展了一些与照相乳胶相关的技术，可将带有照片的气球放到高空中去记录宇宙线粒子的径迹。

1947年，鲍威尔将一些照相底片放置在玻利维亚境内的安第斯山高山站上，从这些照片他得到了一些令人惊讶的结果。从照相乳胶中，科学家们发现了一些带电粒子的径迹。又经过仔细的计算，他们认为，这些径迹并不是最初的宇宙线粒子，这些径迹只是最初粒子衰变的结果。

在详细的分析和计算之后，鲍威尔等人将这最初的粒子叫作 π 介子，它的质量的确是介于电子质量与质子质量之间。π 介子质量是电子质量的273倍。当初安德森发现的 μ 介子为电子质量的207倍。可见它们的质量是差不多的。

π 介子与 μ 介子的主要区别在于，μ 介子并不参与核子

与核子之间的交换，它并不是交换核力的媒介粒子。后来，在科学家们清楚地知道 μ 介子的作用之后，人们就不再把它看作介子了，而将它划归为轻子一类，并将它改称为 μ 子。

1949年，鲍威尔的小组又改进了照相的乳胶技术，利用这种新技术，继续进行宇宙线的研究。他们将直径约20米的气球升到3万米的高空，在此停留了几个小时，结果拍到了一种新的粒子照片，即K介子（当时叫它 τ 介子），以及负 π 介子。由于鲍威尔对照相乳胶技术的改进和从实验上对 π 介子的发现，他获得了1950年的诺贝尔物理学奖。而在此之前，汤川秀树则获得了1949年的诺贝尔物理学奖，以表彰他在介子理论上的贡献。

● 反质子的发现

在狄拉克预言反电子之后，被安德森发现的正电子所证实。狄拉克在1933年获得了诺贝尔物理学奖。在获奖的例行演讲上，狄拉克又提出负质子的预言。他的推论是，由电子推断出反电子，被确认后，狄拉克再推论，有反质子与质子对应，应该说还是合理的。但是，狄拉克也注意到，从实验上证实反质子并非易事。

从狄拉克的新预言之后，20年间没有什么进展，因为实验上要求达到的能量超过60亿电子伏特。不过在20世纪40年代，人们在宇宙射线的研究中还是发现了有关反质子的蛛丝马迹。

寻找反质子的途径主要有两个：一个是从宇宙射线中寻找，花费不大，且可以"守株待兔"；另一个是利用加速器加速质子，花费昂贵。用这种高能质子轰击靶中的原子核，以产生反质子。最初，人们从宇宙射线中寻找反质子，期望着像发现正电子那样的"运气"。经过20年的寻找也没有什么结果。在这20年间，加速器技术还没能达到足以将质子加速到如此高的水平。

到20世纪中叶，电机制造技术、真空技术、高频技术获得了极大的提高，特别是核技术发展有了重大的突破，使得在实验室中产生和研究反质子的条件更加成熟。这时，人们虽然已经研制出了大型加速器，的确具备了寻找反质子的条件，但是这并不意味着只要待在加速器边上"守株待兔"就可以了。这件工作还需要实验者具有丰富的经验和学识，要不怕麻烦和难以预见的困难，就像是在大海中去捞针一样。

1955年，在美国加利福尼亚的伯克利建造了一台质子同步加速器，它的能量可达64亿电子伏特。这恰好是产生质子—反质子

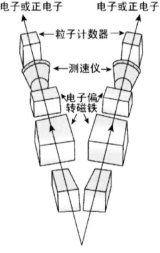

电子和正电子加速装置

对所需要的最低能量。这是一台巨大的装置，仅使质子回旋的磁铁就重达1万吨。

在实验中，美籍意大利物理学家塞格雷和美国物理学家张伯伦的小组，利用这台加速器加速质子，打到铜靶上，产生了反质子，同时还产生了大量其他的粒子，如中子、质子、介子等。大约在几十万个粒子中才能产生一个反质子，这差不多需时15分钟才能产生一个反质子。塞格雷的小组大约得到了40个反质子的事件，并在仔细分析后才确认了反质子的存在。

反质子的发现，连同不久之后发现的反中子，使人们对反粒子的认识大大加深了，对物质的微观结构的认识水平也大大提高了。为此，塞格雷和张伯伦获得了1959年度的诺贝尔物理学奖。

● 罗马来的科学家

塞格雷于1905年出生在意大利的罗马，父亲是一位工业家。1922年，塞格雷考入罗马大学学工程。开始他对物理学并没有什么了解，后来与物理系的老师费米等人接触后才对新物理学有所了解，并找了一些物理学的书来读。然而，真正对新物理学的知识有所认识，是1927年跟随费米等人去意大利科摩（伏打曾生活和工作的地方）参加纪念伏打逝世

100周年的学术讨论会。由于世界上许多著名的物理学家都来参加会议，在会上，塞格雷真正感受到新的物理学具有多么大的魅力。

在会上，塞格雷看到一位面貌和蔼的人在宣读论文。塞格雷就问他的一位老师，这位讲演者是谁。老师说是玻尔。塞格雷又问："玻尔是什么人呢？"老师确实很惊讶他的这个问题："难道你从来都没有听说过玻尔的原子模型吗？"塞格雷并不感到有什么难为情，而接着问："玻尔的原子模型是什么呢？"费米就为他讲解，并且还谈到与会者中的德国科学家洛伦兹、普朗克和康普顿等人，以及洛伦兹变换、普朗克常数和康普顿效应等。这些讲解使塞格雷大开眼界，等到新的学期开始时，塞格雷已经是物理系的学生了，不久他的一位同学也转到了物理系。

除了在科摩听那些著名科学家讲演，他知道，物理学并不是只限于牛顿力学和经典物理理论，还有量子力学中所包含的有关微观粒子运动的新知识。尽管对这些新知识科学家已经掌握了许多，但仍有大量未知的东西需要人们去探索、去研究。所有这些，激励着塞格雷如饥似渴地去学习，他读

意大利科学家塞格雷

了大量的物理学书籍和文章，因此很快就通过了物理系的毕业考试。此后在费米的指导下获得了博士学位。

获取学位之后，塞格雷又出国学习，进行原子物理学和光谱学的研究，取得了很大的成绩。于1932年回到罗马，与费米一起从事中子与原子核反应的研究，其中最重要的成就是发现慢中子效应。

这时由于费米在国际科学界的地位日益提升，于是在罗马成立了以费米为中心的新的物理学学派。塞格雷与同事将费米戏称为"教皇"，几个同事也都有绰号。塞格雷也得到了一个绰号——"蛇怪"。据说，有一次在费米的办公室讨论问题，在发言时，别人不按次序发言，塞格雷没有机会发言，为此塞格雷大动肝火，并拍案而起，一拳下去竟把费米的桌子打出了一个洞。这样，塞格雷也就理所当然地得到了这个绰号。

1936年，塞格雷离开罗马到巴勒莫任教授。1938年由于法西斯政权迫害，塞格雷离开了意大利，到美国加利福尼亚大学，在发现人造元素的研究中取得了重要的成就。塞格雷与在罗马时的同事一起用氘（即重氢）和中子辐射元素钼，从而得到了一个新元素锝（希腊文的原意是"技术"，即"人工制造"），它在元素周期表中排在第43位，并且是放射性元素。几年后，他又与别人合作，用α粒子轰击铋，得到了第85号元素砹（意思是"不稳定"），这是一卤族放射性元素。

第二次世界大战期间，塞格雷参加了美国原子弹的研制工作，其中最重要的工作是与费米一起利用中子轰击铀-238，以制取钚-239。钚-239在自然界并不存在，只能人工制取，这是制造原子弹和进行核反应实验的重要材料。

1953年，塞格雷再次来到加利福尼亚大学，并于1956年发现反质子，他也因此与他的学生获得了1959年度的诺贝尔物理学奖。有趣的是，塞格雷的获奖还受到一些人的"非议"。一位诺贝尔奖获得者曾指出："我很遗憾，他竟然因为这个而获得诺贝尔奖金。这项研究确实非常好，但他还做过许多胜过它的漂亮的研究。你瞧，只要能有机会使用那台机器，任何人都能完成那种实验。塞格雷是一位非常优秀的物理学家，他出色地完成了许多别的工作……我对他得奖感到高兴，他完全够格，但我却宁愿他是由于别的成就而得奖。"当然，这种"遗憾"是无法补救的，因为科学家得到第二次诺贝尔奖的机会是太小了。

## ● 王淦昌的杰作

20世纪50年代，反粒子研究是科学技术进步的一个标志，不仅在美国和欧洲受到极大的重视，而且在当时以苏联为首的社会主义阵营也为此展开了激烈的竞争。当时在苏联杜布纳成立了联合原子核研究所，除了苏联，还有中国、罗

王淦昌在与苏联科学家交谈

马尼亚、匈牙利、波兰、捷克斯洛伐克、越南等十余个国家都参与研究所的一些国际合作项目。1956年，王淦昌代表中国参加杜布纳研究所的工作。在这里先任高级研究员，后任副所长，并且领导了有几十人参加的研究集体。

这时杜布纳刚建成一个能量达100亿电子伏的质子同步加速器，比美国伯克利的质子加速器还要大。这为激烈的科学技术竞争创造了较好的条件，不过要使加速器能取得佳绩，还需要确定适宜的方案。中国科学家王淦昌具备了优秀的科学素质，他结合加速器的特点拟定了两个研究方向：一是寻找新粒子；二是系统研究高能粒子产生的规律性。王淦昌负责寻找新粒子的研究工作。这无疑是最富有竞争性和挑战性的课题。

像塞格雷的小组一样，王淦昌也十分重视探测技术的研究。在实验工作中，王淦昌提出了制作大型气泡室的建议，气泡室于1958年秋建成，并且运行稳定。

由于加速器的能量很高，可以方便地产生多种介子和反质子，因此王淦昌决定利用加速器产生的负 π 介子，研究负 π 介子与原子核的反应。更重要的是，在含有负 π 介子的系统中，不含有反重子，这为发现反粒子创造了条件。

王淦昌小组利用气泡室拍下了10万张照片，其中包含着几十万次的负 π 介子与原子核的反应事例，这样对粒子性质有了一定的了解，并对反粒子的特点能勾勒出大致的概貌。为此，王淦昌制定准则，使每个研究人员能够在脑中展开一幅较为清晰的图像，可以有目的地找出研究的粒子。

在具体研究过程中，王淦昌的小组先鉴别出一些"候选者"，再对这些"候选者"进行定量分析，以确定这些粒子的质量和寿命，确定它的衰变方式，并推断这种反粒子的性质。

1959年3月9日，王淦昌小组传来了令人振奋的消息，他们从几万张照片中挑选了一张具有反 Σ 负超子的事例的图像。

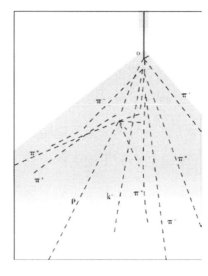

反 Σ 负超子的径迹

反Σ负超子的发现进一步证实了，任何微观粒子都有相应的反粒子存在。这一发现在苏联、中国乃至在世界科学界都引起了强烈的反响。著名物理学家杨振宁对此曾说过，在杜布纳的质子加速器上，王淦昌小组发现的反Σ负超子是唯一值得称道的重大发现。王淦昌也因此获得了中国1982年度国家自然科学一等奖。

反Σ负超子的发现说明，中国科学家已经具备了攀登科学技术高峰的能力，像王淦昌这样的杰出科学家一样能够正确地选择课题，制定合理的技术路线，并不失时机地做出重大的发现。


## ● 立志"科学救国"

王淦昌是江苏常熟人，于1907年出生。他的父亲在当地是一位有名的医生，但在王淦昌4岁时就去世了，全家的生计主要靠大哥行医和经营小本生意来维持。13岁时母亲又去世了。当时的王淦昌聪明好学，在外婆和大哥的支持下，小学毕业后就到上海去读中学。在中学期间，除了学习课堂上的知识，他还参加了数学课外小组，读完了大学一年级的数学课程，并且树立了攻读自然科学的决心。

中学毕业后，王淦昌先学了半年外语，又在一所技术学校学习汽车驾驶和维修技术。不久报考了清华学校（清华大学的前身），并被录取，成为了该校第一批本科生。

初到清华，他迷上了化学，尤其喜欢化学实验，并认真做了许多化学实验。这对他后来的科学研究工作非常有益。然而物理系主任叶企孙（我国著名物理学家，现在中国物理学会的一项奖金就是以他的名字命名的）对王淦昌十分欣赏，并且亲自传授知识，鼓励他在科学上能有更大的发展，这使王淦昌对实验物理学产生了浓厚的兴趣，并决心以此为终生的奋斗方向。一年以后，王淦昌进入了物理系。

后来，著名物理学家吴有训（现在中国物理学会的一项奖金是以他的名字命名的）来物理系任教，对王淦昌影响很大，并在王淦昌毕业后，将王淦昌留下做助教。在吴有训的指导下，王淦昌写出了第一篇关于大气放射性的论文。不久，为了深造，王淦昌考取了出国留学的资格，到柏林大学，师从著名女物理学家迈特纳。

刚到柏林大学，王淦昌参加了一次学术报告会，从报告中他得知德国物理学家玻特和贝克尔的一个实验，即用 α 粒子打击铍核，可以产生强 γ 辐射。其中的强 γ 辐射给王淦昌留下了深刻的印象，但是，这种 γ 辐射是否真的能达到这样高的水平，王淦昌是有怀疑的。他向迈特纳表示，想改进玻特的方法重做实验，因为实验中要用云室（玻特用的是计数器），迈特纳没有同意，王淦昌只得作罢。不久，英国物理学家查德威克使用云室

和计数器重做了实验，结果发现了中子。后来查德威克还因此获得了诺贝尔物理学奖，事后，迈特纳沮丧地说道："这是个运气问题。"

在柏林大学，王淦昌主要从事β射线的研究，并于1933年底获得博士学位。由于迈特纳是奥地利的犹太人，纳粹上台后就剥夺了她的教书权（1933年她逃亡到瑞典）。在法西斯专政下，王淦昌觉得不快，因此获得了博士学位后不久就回国了。

回国后，王淦昌先到山东大学，后到浙江大学教书。抗战爆发后，王淦昌随浙江大学转迁数地，尽管如此，王淦昌还坚持教学与研究，他为军事需要特别开设了"军事物理"的课程。

1939年2月，王淦昌从杂志上看到哈恩关于核裂变的发现之后，立即就在物理系做了介绍。1945年，当美军向日本投下了原子弹之后，王淦昌又专门做了报告，介绍原子弹的原理。

当学校迁到贵州遵义之后，情况相对稳定下来，尽管生活和工作条件极差，王淦昌仍坚持研究。在5年内，他先后写出了9篇论文，其中影响最大的是关于中微子问题的研究。他认为，如果中微子不能被探测到，那么理论再好，其价值也是值得怀疑的。经过认真研究，王淦昌于1941年写出了《一个关于中微子的建议》。正是看了王淦昌的方案之后，美国科学家艾伦才进行了最初的验证，并且是1942年世界物理学的重要成就之一。王淦昌也因此获得了第二届范旭东（一位著名的实业家）先生纪念奖金。后来，在回忆这段研究工作时，他写道："物理学的研究工作，除了钻研纯理论和实验两个方面，还有第三个方面，那就是归纳、分析和判断杂志上所发表的实验方法、数据和结论。这种工作是为理论工作搭桥，是推动实验工作前进的。"

# 五、游荡在宇宙中的"幽灵"

20世纪初，卢瑟福和他的助手搞清楚了α射线、β射线和γ射线的成分，即α射线是氦原子核束流，β射线是电子流，γ射线是高能光子流。1914年，卢瑟福与他的学生查德威克对α衰变、β衰变和γ衰变做了系统的研究，发现α射线和γ射线的谱线都是分立的，这与量子观点是符合的。但β射线谱则不同，是连续的。进一步的分析，人们发现，在β衰变中还有很多问题需要科学家们研究。

## ● β衰变中的"隐身者"

什么是β衰变呢？就是当原子核放出电子流后产生的衰变，原来的原子核变成了新的原子核。一般来说，可能性最大的是，原子核内的一个中子释放出一个电子，并转变为质子。可用一个反应式表示，即：

中子→质子＋电子

从电荷守恒的角度来分析，这种衰变是合理的，因为在反应前后，电荷的总量不变，且都是零。也就是说，β衰变是遵守电荷守恒的，但是，衰变却违反了物理学上的三个最基本的守恒定律，而这样的问题就非常严重了。

首先，β衰变过程违反了动量守恒定律。原子核衰变时就像一颗手榴弹被炸成两个弹片：一个大些，一个小些。我们知道，这两个弹片飞开的方向彼此相反，其中大弹片的速度小些、飞行的距离近些，小弹片的速度大些、飞行距离远些。β衰变前，"手榴弹"就是中子，"大弹片"就是衰变后的质子，"小弹片"是电子。从实验中可以看到，质子与电子的飞行方向并不是严格地彼此相反的。这也就是说，β衰变过程并不遵守动量守恒定律。

其次，β衰变还违反了角动量守恒定律。什么是"角动量"呢？上面讲的动量是我们比较熟悉的量，与动量不同的是，角动量是描述物体转动的量。由于量度物体转动用角度度量，所以就叫它为"角动量"；与角动量不一样，度量动量用的是线度（与长度的意思相似）的量，好像是沿直线运动的量，因此动量也被叫作"线动量"。微观粒子都有一个普遍的特性——"自旋"。也就是说，微观粒子就像一个微小的陀螺，一刻也不停地旋转着。有趣的是，质子、中子和电子的自旋角动量都一样大，这样，一个中子衰变为一个质子和一个电子，衰变前后的自旋角动量无论如何也是不守恒的。

最后，也是最为严重的，在β衰变过程中，能量守恒

定律被破坏了。在α衰变或γ衰变时，放射性原子核放射出粒子时，粒子都要带走大量的能量，可是这些能量是从何而来的呢？一般来说，这些能量的一部分来自于原子核，是由原子核的质量转变而来的，我们可以按狭义相对论中的质量能量转换公式（即$E=mc^2$）求出。科学家发现，在原子核发射粒子的过程中，原子核总是要损失掉一部分能量，而且损失的质量和放射出的能量是完全对应的。然而，在β衰变过程中，人们发现，放射出的电子所携带的能量，与原子核所损失的质量并不完全相等。实际测量的结果是，原子核释放的能量比电子所携带的能量总是大一些。也就是说，在β衰变过程中，能量发生了"亏损"。可是，能量为什么"亏损"了呢？"亏损"的能量到什么地方去了呢？这就是所谓的"β衰变疑难"。就物理学的常识来看，能量既不会被创造出来，也不会被消灭掉。因此，β衰变过程的能量应有一个去处。不过，也有一些科学家并不是这样看，比较有代表的人物是玻尔。他准备放弃能量守恒定律。他认为，在微观粒子的反应过程中，能量守恒定律不一定成立。如果能量不守恒，β衰变的"疑难"就不再是疑难了。

捍卫能量守恒定律的泡利

与玻尔不一样，狄拉克和奥

地利科学家泡利却坚持能量守恒定律，他们认为，这是自然界的一条基本原理，微观粒子的反应过程也是遵循能量守恒定律的。他还在1930年12月的一封信中写道："我偶然想到一个挽救守恒的非同寻常的办法……或许有一种电中性的粒子存在……假定在β衰变过程中，这种粒子与电子一同被放射出来，那么β能谱就变得可以理解了。"可见，为了"挽救"能量守恒定律，为了说明β衰变过程中的能量亏损现象，泡利提出了这个大胆的假设，即在β衰变过程中产生了一种中性粒子。这种中性粒子也带着一些能量，并伴随着电子一起被发射出来。这种中性粒子所带的能量恰好就是β衰变过程所"亏损"的能量。尽管对于这种粒子科学家还所知甚少，但是可以根据各种守恒定律来推断这种新粒子的各种性质。

由于这种未知粒子参与β衰变，因此β衰变过程不再只是涉及3种粒子，而是4种粒子，即中子衰变产物是质子、电子和未知粒子。从上述三个守恒定律来分析，这个新粒子是中性的（不破坏电荷守恒），因此被叫作"中微子"（以区别于中子）。从能量守恒定律来分析，这种新粒子没有质量，也就是说"静止质量"为零。由于有这个"中微子"参与，动量守恒的条件就可得到满足了；中微子的角动量同质子的角动量一样，但质子、电子、中微子中有一个自旋方向与另两个相反，则角动量的守恒就得到了满足。

此外，当时人们认为，这种中性粒子没有电荷，像光子一样，没有静止质量，但以光速行进，因此它携带的能量是

不可忽略的。最初，人们称这种粒子为"中子"，后来，查德威克发现原子核中的"中子"之后，泡利提出的中性粒子由于没有静止质量就被称作"中微子"，意思是"微小的中性小家伙"。

在研究β衰变的能量亏损问题时，泡利假设了一种未知的粒子，因此解决了β衰变的"疑难"。泡利在研究过程中使用的方法是"假说"方法。使用这种方法是为了说明一些新的科学事实，在超出旧的认识范围之外提出一种或数种假设，以便探察事物变化的本质原因。然而，中微子真的存在吗？中微子假说有确实的科学意义吗？

● 寻找中微子

1934年，费米建立β衰变理论之后，寻找中微子就成为实验物理学家的一项重要的任务，因为不管理论有多好，不能从实验上证实它就总有些不完满。不过中微子的实验是非常难做的，甚至连泡利自己就讲过，中微子恐怕永远也找不到。中微子为什么这么难找呢？这主要有两方面的原因，即一是中微子不带电，这种粒子不参与电磁相互作用；二是，中微子无静止质量，要抓住它是非常困难的。一般来说，一个厚度为1000光年（约为946亿亿米）的铁块也阻挡不住它。地球的直径约为13 000千米，如果地球是一个大铁球，也需要7300亿个这样的铁球才能使一个中微子的脚步停下来。这样，要确证中微子的存在是一个相当困难的事情了。

当泡利提出中微子假说之后，在1933～1940年，人们设计了几个实验，以探测中微子，但是这些实验只能定性地说明中微子的存在，还不能算是找到中微子存在的确凿证据。

当时正在德国柏林大学留学的中国学生王淦昌在这里研究β衰变，并注意到检验中微子的问题。

1940年，已回到中国的王淦昌开始研究中微子的检验问题，他认真研究了国际上关于中微子的文章。他发现，这些研究都有一个相似之处，都力图直接测量β衰变后的各个生成物的动量、能量和角动量，但这很复杂，无法直接测量中微子的这些量。为此，王淦昌想找到一种比较简单的反应过程，在这个过程中只有两个生成物，其中有一个是中微子。对这样的过程进行测量，可以准确地测定中微子的各个量。有没有这样简单的反应过程呢？

王淦昌注意到一种核反应，当原子核俘获一个电子后，这个原子核就会变成另一种原子核，同时放出一个中微子。这样一个反应简单得多了，即只有两个粒子参与反应，也只生成两个粒子。王淦昌指出："只要测量反应后元素的反冲能量和动量，就很容易找到放射出的中微子的动量和能量。"

这是寻找中微子的一般原理，那么在实际的实验工作中，应选择哪种具体的化学元素来做实验呢？王淦昌认为，用铍-7俘获电子，产生锂-7和中微子。这样的过程可以产生

中微子。由于当时中国正进行抗日战争，教学和研究条件都非常差，王淦昌没有条件进行这个实验。但是，他的文章发表之后，立即受到国际同行的注意，认为这是检验中微子的一个好方法。一位名叫艾伦的美国科学家根据王淦昌的方案进行了实验。虽然实验比较粗糙，但已经证实中微子是存在的。实验是1942年做出的，因此，这个实验是1942年物理学界的一件大事。

为了更加准确地测出中微子的各种量值，1952年，美国科学家罗德巴克和艾伦又重新按照王淦昌的方案进行实验，不过这一次不用铍-7俘获电子，而是用氩-37俘获电子，产生氯-37和中微子，所得到的实验值与理论符合得很好。不久之后另一位美国科学家戴维斯按王淦昌的方案（仍用铍-7）做实验，结果也很成功。

王淦昌的方案虽然很好，但他的方法是间接地探测中微子的方法。这是因为在20世纪40年代，实验技术还不足以直接观测到中微子，因此还谈不上直接测量中微子的动量、能量和角动量。

随着核科学技术的不断发展，到20世纪50年代，科学家们已可以直接测量中微子的各种物理量。最先实现直接推测中微子的是美国科学家莱因斯和柯恩。他们的方案是，一个反中微子与一个质子作用，可以产生一个中子和一个正电子。在实验中，他们同时探测中子和正电子，这在实验上并不难做到。

他们从什么地方搞到大量的反中微子呢？这个问题在20世纪50年代以前是很难办的，但到了50年代就没问题了。因为这时美国修建了一些核反应堆，用于核科学技术的研究。这些核反应堆可以产生大量的反中微子，这些反中微子可以很方便地用于实验中。

美国科学家莱因斯和柯恩为了测量正电子和中子，他们采用了一个大水箱，其中掺入氯化镉。当反应产生正电子后，这些正电子会很快地与电子相遇，并湮灭生成光子。这些光子被水箱两侧的闪烁计数器探测到。所产生的中子只能存在很短的时间，但也能被另一种计数器探测到。这水箱中的镉物质就是为了吸收中子而准备的。经过测量，他们的实验小组精确地测量到粒子的能量值，因此判定反中微子是存在的。这样，这个游荡在宇宙之中的"幽灵"终于被探测到了。

实验小组的科学家莱因斯，1918年生于美国的新泽西州。他的父母都是来自俄国的移民。莱因斯少年时喜欢唱歌，他对科学的兴趣产生在一次偶然的发现之中。在一次宗教仪式上，因为要等上一段时间，莱因斯闲得无聊，于是他将手指弯成环形，像是一个望远镜筒一样，而后把它套罩在眼睛上，观看窗外的景

美国科学家莱因斯

色。在观看时他发现这平常的景色竟出现了条纹。在莱因斯的眼中，这是很神奇的事情，尽管从光学上讲这是很普通的衍射现象。

由于莱因斯是一个好学生，中学的科学老师很喜欢他，就把实验室的钥匙交给了他，让他做他想做的各种实验。上高中时，莱因斯负责编写学生年鉴，在年鉴上他为自己加了一条按语"立志成为优秀的物理学家"！

有志者事竟成。在21岁时，他大学毕业，不久又获得了数学物理学硕士，并考上了博士研究生。他研究的科目是核物理学方面的课题。1944年，莱因斯来到著名的核武器研制机构——洛斯阿拉莫斯实验室，参加核武器的研制工作。在这里他工作了15年的时间。

1951年，在一年的休假期内，莱因斯仔细研究了中微子，并计划着探测中微子的尝试。1953年，他与柯恩合作，终于得到了初步的实验结果。1955年，他们又继续实验，并于1956年探测到了反中微子。1959年，莱因斯到大学去教书，并一直坚持实验研究工作，其中大部分研究与中微子有关。为了表彰他在探测中微子上的研究成果，他于1995年获得了诺贝尔物理学奖。这时他已经77岁了。这的确是一个吉祥的岁数。按中国人的说法，77岁的寿诞是"喜寿"。当然，等了近40年才得到诺贝尔奖等待的时间也的确长了一些。

到20世纪50年代，科学家对中微子的怀疑已完全打消了，并且清楚了β衰变过程中产生的中微子可以按不同的方式进行：一种是一个质子与一个反中微子反应，得到一个中子和一个正电子；另一种是一个中子与一个中微子反应，得到一个质子和一个电子。然而，对中微子的研究远没有终结。

到２０世纪６０年代，中微子研究产生了革命性的发展。当时，美国哥伦比亚大学的莱德曼、施瓦茨和斯坦伯格尝试利用加速器产生中微子，并加以研究。为此他们到纽约的布鲁克海文国家实验室，用高能质子束打击铍靶，以产生π介子束。π介子在行进时会产生衰变，其产物是μ子和中微子。然后让这些粒子通过铁块，这样大部分的μ子就被铁块吸收掉了，而中微子则畅通无阻，从而获得了相当纯的中微子束流。

为了研究中微子，他们将中微子束流引入火花室，以观察新产生的μ子。

更详细地说，一个正π介子衰变会产生一个正μ子和一个中微子，一个负π介子衰变会产生一个负μ子和一个反中微子。接着，一个反中微子与一个质子反应，会产生一个正μ子和一个中

子；一个中微子与一个中子反应，会产生一个负 μ 子和一个质子。与上面的反应相比较，可以发现，在 β 衰变过程中，产生一个中子与一个正电子，或产生一个质子与一个电子。也就是说，β 衰变与 π 介子衰变的产物是不同的，即衰变产物中的中微子各属于不同的过程，可知至少有两种中微子。莱因斯和柯恩"捉住"的是电子型中微子，而现在莱德曼等人发现的则是 μ 子型中微子。

这的确是令人兴奋的成绩，人们不仅探测到那神秘的中微子，而且还发现了新型的中微子。新的发现为高能物理学的发展奠定了坚实的实验基础。

由于莱德曼、施瓦茨和斯坦伯格在中微子研究上取得的重要成就，他们一起获得了1988年的诺贝尔物理学奖。

● "三个诸葛亮"

莱德曼、施瓦茨和斯坦伯格之所以在中微子研究上取得了成绩，当然与他们孜孜不倦的研究、与他们富于天才的想象力不无关系。然而，这也只是他们一生科学研究成果中的一个代表而已。

施瓦茨是三人中最年轻的，他于1932年生于美国纽约，1953年毕业于哥伦比亚大学，在那里受教于著名物理学家拉比，以及斯坦伯格和李政道。这三位物理学家对施瓦茨日后的科学研究产生了极大的影响。有趣的是，在20世纪70年代，当美国"硅谷"高技术公司如雨后春笋般地产生出来时，施瓦茨也到硅谷打天下，而离开了高能物理学的研究。在硅谷，施瓦茨成了数字通讯公司的总裁。到1991年才重回科学界。看样子，到底对高能物理学有着难以割舍的感情啊！

**美国科学家施瓦茨**

莱德曼1922年出生于美国纽约的一个移民家庭。他从小到大都是在纽约受的教育，直到从哥伦比亚大学获得博士学位。最初他主修化学，后来转学物理学。第二次世界大战期间，曾到军队服役3年，战后进入哥伦比亚大学研究生院学习。获得博士学位后就留在学校工作，在那里他进行了许多关于π介子的研究工作。直到1979年他才离开哥伦比亚大学，就任美国国家加速器实验室主任，负责建造第一台超导电子同步加速器，这是当时世界上最大的加速器。

莱德曼在粒子物理学研究中获得了很多成果，如1956年发现K介子；1977年发现γ粒子；1957年，他还较早地对杨振宁和李政道的弱相互作用下宇称不守恒理论进行了实验上的验证；1965年他还发现了反氘核。

斯坦伯格是犹太人，1921年生于德国。由于德国纳粹大

肆迫害犹太人，他一家人先后到达纽约。尽管到美国生活非常窘迫，不过免去了一场浩劫，他们还是很知足的。少年的斯坦伯格十分珍惜时光，他发奋读书，成绩很好。在大学读化学工程时遇到了20世纪30年代的世界经济大萧条，因此只得辍学，找工作贴补家用。他白天到一家药剂实验室清洗实验设备，晚上去芝加哥大学学化学课程，周末还要帮助父母料理店铺的生意。这样，斯坦伯格靠自己的努力完成了大学学业。

由于"珍珠港事件"的爆发，斯坦伯格参军了，到军事部门从事雷达研究工作。在学习了几个月的电滋波课程之后，就到麻省理工学院进一步学习，他跟随一些物理学大师从事研制雷达的工作。此时，他边工作，边学习，又学习了几门物理学的课程。战后他回到芝加哥大学，跟随费米学习。在这里杨振宁、李政道、张伯伦都是他要好的同学，他在物理学上的学识也大有长进。在做博士论文时，他做宇宙线实验研究，对 $\mu$ 子性质有了很深的认识。取得博士学位后，他先在加利福尼亚大学工作了一年，随后到哥伦比亚大学工作，利用这里的新型加速器进行 $\pi$ 介子束的实验研究。

在20世纪50年代初，格拉泽发明气泡室后，斯坦伯格和施瓦茨等人开始应用气泡室做实验研究，并对气泡室做了许多改进，使气泡室成为成熟的技术，在以后十多年的粒子物理学的探测技术中高居"垄断"的地位。斯坦伯格与他的学生一起利用气泡室做出了许多重要的发现，如验证弱相互作用下的宇称不守恒，演示 π 介子的 β 衰变，特别是他与莱德曼和施瓦茨关于中微子束的重要研究，在粒子物理学研究历程上具有重要的意义。

从这三人的研究经历来看，他们都有改变专业的经历，可是物理学是他们共同的归宿，这除了20世纪物理学的巨大魅力之外，也与正在成长的粒子物理学有关。这时的粒子物理学有众多的问题需要科学家们研究，并吸引了一大批优秀的年轻人投身其中。

## ● 新的突破

1962年，三位科学家发现，μ 子型中微子和电子型中微子参与不同的反应过程，因此它们的性质是不同的。比如它们的质量就不一样。在寻找 π 介子时，人们首先找到了 μ 子，并且知道 μ 子的质量约为电子的200倍，对应的中微子——μ 子型中微子质量约为电子型中微子质量的1万倍。这与最初的看法不一样，最初人们认为，中微子的静止质量为零。

在最初研究中微子时，人们发现电子和 μ 子的质量很小，通俗地说是很轻，为此就把它们俩叫作"轻子"。除了 μ 子和电子之外，它们俩对应的中微子也是轻子。轻子作为一个家族，只有这4个成员，若再加上它们的反粒子，也只

有8个成员，似乎太少了些。到20世纪70年代，这些情况才获得改善。

寻找新的轻子在1966年就开始了。在美国加利福尼亚的斯坦福直线加速器上，人们用高能电子与靶核相撞，希望能找到新的轻子，但并没有什么新的发现。1972年，在这座加速器旁边又建造了一台正负电子对撞机，名字叫SPEAR。在工作时，直线加速器与对撞机可以结合起来。科学界从加速器上获得正负电子束，并引入至对撞机的一个直径80米的"储存环"。储存环中的正负电子束在磁场作用下，它们分别沿相反的方向在储存环中环绕，最后在指定的地点相碰撞，这也是为什么叫电子对撞机的原因。

当时的一个实验小组在美国科学家佩尔的领导下花了3年的时间，进行了一系列的实验，终于发现了一个比质子还要重2倍的新粒子。研究表明，它的性质类似于电子和μ子，但很重，比电子重了3500倍。经过反复检验，证明这是一种新的轻子，他们用了一个希腊字母τ，为新的轻子起名叫τ子。佩尔的小组是如何确认τ子的呢？

当正负电子相撞之后，他们从10 000多个碰撞现象中找出了24个电子与μ子事件。它们的反应过程大致是，一个电子与一个正电子相撞产生一个电子、一个反μ子，以及一个尚未确定身份的粒子；或者一个电子与一个正电子相撞产生一个正电子、一个μ子，以及一个尚未确定身份的粒子。其中"尚未确定身份"的粒子在探测器中未留下任何痕迹，这是科学家分析的产物。

在仔细研究之后，他们认为，实际的反应过程中，正负电子对相撞先是产生了一对重轻子（即 τ 轻子）。这对正反 τ 子很快就衰变了，由于时间很短，难以观测到；而观测的只是电子和 μ 子，它们只是 τ 子衰变后的产物。也就是说，一个电子与一个正电子反应生成的是只能短暂生存的 τ 子，τ 子随即衰变为电子或 μ 子，以及几个中微子；τ 子也可衰变为反 μ 子或正电子，以及几个中微子。

τ 子是很重的，比质子（是重子）还要重，但它是轻子；然而它毕竟太重了，因此被叫作重轻子。依照电子和 μ 子，τ 子也应具有对应 τ 子中微子和反 τ 子中微子。为了区别这些轻子，以及它们在标准的粒子模型理论中的地位，我们可以将这些轻子分为三代。第一代轻子是电子和电子中微子，以及它们所对应的反粒子；第二代轻子是 μ 子和 μ 子中微子，以及它们所对应的反粒子；第三代轻子是 τ 子和 τ 子中微子，以及它们所对应的反粒子。加起来，轻子家族中共有12个轻子。

著名的美国科学家格拉肖在研究粒子理论时，发现夸克和轻子参与弱相互作用有相似的特点。在20世纪70年代初，格拉肖认为，轻子只有两代、4个粒子，夸克也应有两代、4个夸克。但美国物理学家盖尔曼的夸克理论只有3种，为此格拉肖预言还有一种新的夸克。在几年后，丁肇中和里克特发现了 J／Ψ 粒子，借此可以解释第4种夸克的性质。这样，这4种夸克也像两代轻子一样，形成了两代夸克。

当佩尔发现第三代轻子之后，人们马上想到了第三代夸克，实验物理学家经过差不多20年的时间，也终于找到了第三代夸克。由此可见，轻子的研究对夸克理论、粒子物理学基本理论的发展具有重要的作用。也许有的读者会问：有没有第四代、第五代……轻子呢？一般来说，根据现在的认识水平来看，还很难做出进一步的预言。如果有的话，现代的粒子理论就会做出进一步的预言。

由此我们还能看到，物理学是一门实验科学，从物理学的发展历程看，实验常常给理论研究以提示，并且最终决定理论发展的方向。另外，从人类对物质运动规律来看，物质运动分为若干层次，人类对不同层次的认识往往是从低到高、从简单到复杂、从浅层到深层，逐步加深，逐渐扩展的。因此，轻子理论和夸克理论也只是人类对物质微观结构的一个层次的认识，并不是最终的认识。

美国科学家佩尔

对 $\tau$ 子研究做出重大贡献的是美国物理学家佩尔和他的小组。佩尔在1927年生于纽约，父母是犹太人。他的父母在1900年就从波兰（当时是沙俄的一部分）到了美国。由于经营印刷和广告业务很顺利，家境较好，因此使佩尔得到了良好的教育。佩尔学习认真，尤其酷爱读书，并且阅读广泛。据说每次从公共图书馆回家时，都要借六本书。然而，父母希望下一代的孩子融入美国社会，因此要佩尔像美国孩子一样，多参加户外运动，因为真正的美国孩子都是喜爱运动的。这样，佩尔就盼望着下雨天，这样就可以留在家里读书了。

在上学期间，佩尔最喜欢两本书，一本书是《大众数学》，从中他学到了微积分；另一本书是《大众科学》。为了节约，佩尔没有买这两本书，而是一次又一次借读，详细地做笔记。佩尔对机械学也有兴趣，也读过一些机械方面的书刊。因为读了大量的书，所以学校的功课学起来还是不费劲，在读高中时，他连跳两级，16岁就中学毕业了。

在美国社会，外来移民要想不受歧视，就要找到好的职业，如当医生或律师等。但是佩尔对这些职业并没有兴趣，他选择了化工专业。由于第二次世界大战爆发，学业暂停，但佩尔年纪尚轻，不能入伍，虽然后来当了一年的兵，仍是主要在校读书，并以优异成绩毕业。在学校学到了许多机械和化学实验技术，这些知识对后来从事实验物理学研究有很大的帮助。

毕业后，佩尔进入了著名的通用电气公司，经过一年的培训，他当上了化学工程师，参加电子管的研究工作。由于电子技术对佩尔多是新的，于是这位爱读书的年轻人就常到大学里学习有关的课程，如原子物理学和高等微积分。到23

岁时，佩尔决定要系统地学习物理学，为此他到哥伦比亚大学物理系读博士学位，投到著名物理学家拉比的门下。

拉比很重视基础科学研究，因此在佩尔获得博士学位之后，便推荐佩尔到粒子物理学的研究部门。1955年，他到密执安大学，与气泡室发明人格拉泽共事，一起研究气泡室。1957年，当苏联的第一颗人造地球卫星发射成功后，美国急切地要在科学技术上赶超苏联，为此大力发展基础科学研究。这样，佩尔开始研究火花室技术。正是在探测器技术上的不断进步，使佩尔在 τ 子发现上起到了重要的作用。

● μ 子的长寿"秘诀"

在阅读介绍狭义相对论的书时，我们知道在这种理论中有一种重要的效应，即由于时间和空间的相对性，物质在高速运动情况下，时钟变慢了，尺子变短了，质量变大了。

过去（现在在日常生活中也是如此），我们只处理物体做低速运动的情况，狭义相对论往往派不上用场，但是在处理一些微观粒子的运动情况时，狭义相对论就成为一个重要的分析工具了。

在 μ 子被发现后，科学家注意到地球大气层外的高能宇宙射线与原子核相碰撞，产生了速度极高的 μ 子，并且高到接近光速。在考察地面上的 μ 子流时，发现 μ 子的寿命只有

2.2微秒，而后就衰变为电子和中微子了。

我们知道，地球大气层的厚度约为100千米。寿命只有2.2微秒的μ子，穷其一生也只能在大气层中行进660米。也就是说，我们在地面上根本就不能获得μ子，至多只能接受到它的衰变产物。然而，从实验上看，科学家发现，在地面上，每平方米就可以接收到500个μ子。可宇宙射线中的这些μ子真能穿越大气层到达地面吗？

是的，用狭义相对论就可以解释这种现象，即处在运动着的μ子，它的"钟表"比地球表面上处于静止的钟表要慢，或者说，运动状态下物质具有一种时间膨胀效应。这也就是相对论中的"双生子"现象。坐宇宙飞船离开几十年的孪生兄弟中的一个，回到地面上，发现兄弟俩中的另一个已垂垂老矣，而乘飞船的兄弟则很年轻。这就是说，运动的飞船中的钟表是缓慢的。因此，μ子的"运动寿命"比起它的"静止寿命"要长得多。当然，不只是分析μ子的"寿命"要用到狭义相对论，分析其他的原子核物理学和高能物理学中的运动情况也要用到狭义相对论，并且能得到令人满意的结果。

● 有趣的"泡利效应"

泡利的犀利和机智，在科学界流传着许多的传闻，以此可说明泡利的品行。例如，一位名叫埃伦菲斯特（也是犹太

人）的著名物理学家曾对泡利说："泡利先生，我现在见到你了，但是我喜欢你的'文'胜过喜欢你的'人'。"泡利的回答非常机智，他说："而我却喜欢你的'人'胜过喜欢你的'文'。"据说，泡利想到一个地方去，他的同事告诉他应怎么走，后来这位同事问泡利，是否找到了那个地方，泡利回答说："找到了，当你并不是谈论物理学时，你讲的话还是清清楚楚的。"言外之意，这位同事在物理学研究上就不一定"清清楚楚"了。

泡利作为理论物理学家是极为出色的，但做实验却不行，也不喜欢。据说，在慕尼黑时，泡利经常和海森伯在实验室中聊天，快到结束时，弄些数据敷衍一下就完了。更为有趣的是，泡利一进实验室，不是弄翻了这个，就是搞坏了那个，因此人们就又编了一个"泡利效应"的笑话，并用这个故事来取笑他。这个笑话是说，在汉堡的实验室中，一个仪器突然坏了，人们分析原因时，找来找去也找不到原因。后来有一人想到，仪器出问题时，泡利乘坐的火车刚好进站。这就是仪器无缘无故出毛病的原因。这个"效应"是一个不坏的效应，或者说只是一个坏仪器（或机械）、不伤人的效应。因此，人们又将这个效应发挥了一下。据说，泡利曾到过一个建筑工地，一个升降机恰好出毛病，径直地落了下来，可是不知怎么回事，升降机却卡在了半空，升降机上的工人一个也没有伤着。言外之意，这是由于泡利来了，升降机才出了毛病，但请放心，由于泡利引起的这种事故是不会伤人的。

"泡利效应"流传很广，就连泡利也很喜欢这个"效应"。据说，有一家天文台曾邀请他去参观，他笑着说："我去不合适吧？我听说天文台上的仪器都很贵重。"编故事的人还添油加醋地说，当泡利一上天文台，望远镜上的盖子就飞起来了。

说到泡利的死，他死的很突然。他得了重病后，开始并不在意，也没有告诉别人，仍忍受着剧烈的病痛去工作，实在支持不住了才住进苏黎世的一家医院。住院不久就去世了。这时，泡利仍在关心着科学问题，并且注意到他的床位号是137。怎么这么巧呢？这个数字竟是绝顶聪明的泡利最搞不懂的一个数字。准确地说，不是137，而是137的倒数，即1／137。

1／137是光谱分析中的一个重要常数，也是原子物理学中的一个重要常数。它叫"精细结构常数"。什么叫精细结构呢？我们知道，早期观察一些光谱线时，谱线很简单，例如元素钠的光谱线有一条黄色光谱线。可是后来用精密的光谱仪观测时，这条光谱线就一分为二，变成了两条黄色光谱线，它们非常接近，用普通光谱仪观察时就是一条。这种一分为二或一分为几的现象就称为谱线的精细结构。最初提出精细结构的正是泡利的老师索末菲，后来人们进一步研究，发现这种现象是由于原子中的电子具有自旋角动量引起的。理论上计算，精细结构常数约为1／137，并且与实验上观测的数值十分接近。可是，泡利就是弄不清，精细结构常数为

什么是1／137。

泡利去世后，人们编了一个故事说，泡利到了天国，见到上帝，上帝问他有什么要求，泡利就问道，为什么精细结构常数是1／137。上帝就将几张小纸片交给泡利，泡利看后，就用德语说道："这是错的!"看!连上帝都要尝尝泡利的厉害了。

当然这些故事并没有贬低泡利的意思，相反，能够与上帝打交道的科学家决不是寻常的人物。正如在泡利的葬礼上，著名的美籍匈牙利物理学家韦斯科夫所说，泡利是"理论物理学的核心"。

● "上帝的鞭子"

泡利提出中微子，以解释 β 衰变过程的能量亏损问题，可谓是独具慧眼。其实泡利在科学上还有一些重要的贡献，并因此获得了1945年的诺贝尔物理学奖。

泡利于1900年出生在奥地利维也纳。父亲有犹太人的血统，但已改信天主教了，是一位很有成就的生物化学家。母亲是一位作家。泡利出生后，就接受天主教的洗礼，教父就是著名的科学家马赫。

少年泡利就已显露出不平凡的才智，学习成绩一直保持优异，数学成绩尤其突出。他所在的班是一个"天才班"，出了一些名人。泡利喜欢读书，不喜欢剧烈运动，保持了终生的习惯是散步、爬山和游泳。在课堂上，泡利常常表现出无尽的求知欲望，但由于所讲授的内容不能满足旺盛的求知欲，泡利只得自学，在假期中常常读书到深夜，并且还常到附近一所工学院去旁听。据说，在12岁时，他就听著名物理学家索末菲有关理论物理学的讲演。当索末菲问他是否听懂了，泡利却说："懂了，除了你在左上角写的那些。"索末菲看了看黑板的左上角，说道："是的，我在那里确实写错了点儿东西。"

18岁时，泡利高中毕业，他到德国慕尼黑成了索末菲的学生。3年后，泡利取得了博士学位。毕业后，他到德国哥廷根大学，成了著名物理学家玻恩的助手，并结识了海森伯和玻尔；不久又到丹麦的哥本哈根，在玻尔的研究所工作。在汉堡大学工作几年后，他到了瑞士苏黎世联邦大学任理论物理学教授，除了在第二次世界大战短暂离开外，一直在此工作到去世。

泡利非常聪明，在上中学时就曾写过一篇有关相对论的论文，其中讨论了一些高深的数学和物理学问题，经过索末菲的推荐发表在德国的期刊上。后来，他继续研究广义相对论，发表的论文引起了德国同行的注意。当时《数学科学全书》的主编邀请索末菲主编有关物理学问题的内容。本来索末菲想让爱因斯坦来写有关相对论的内容，但没有办成。他自己又无力完成，因此就大胆地让泡利这个年轻后生试一试。不久之后，

泡利不负索末菲的期望，他竟写出了一个长达250页的综述文章。索末菲看过后认为，已很完美了，无需修改，因此让泡利单独署名。1921年发表后，许多权威学者都为之惊叹不已。至今，这篇文章仍是有关相对论的重要文献。

虽然泡利的天分很高，但他仍很勤奋。不过他不是那种"严以律己，宽以待人"的人，对自己要求的确很严，同时对别人要求也很严，而且不留情面。泡利在研究工作中对己对人都很严格，就像先生手中的教鞭。这根鞭子很厉害，为此人们就把泡利叫作"上帝的鞭子"。在讨论科学问题时，泡利经常使用这个鞭子一直到死。可话又说回来，如果泡利不赞成别人的理论，那个人就感到很不放心；如果泡利是赞成的，那个人会很高兴的。当海森伯写出最早的量子力学的文章，但没有勇气发表出来，就把文章寄给了泡利，让他发表意见。泡利给了他很大的鼓励，这对量子力学的发展产生了"催生"的作用。

由于在20岁时写的那篇关于相对论的综述文章，泡利很早就出名了。尽管在科学界有很大的名声，并且在批评别人时毫不讲情面，据说对玻尔也是如此，在辩论时丝毫不客气。可是泡利对他的恩师索末菲却恭敬有加，一生如此。虽然泡利的批评十分犀利，但泡利心胸开阔，对人很诚恳，因此也结交了一些很好的朋友。泡利就像德国大诗人歌德的《浮士德》中的梅菲斯特一样，非常机智和犀利。

## ● 太阳中微子失踪案

在寻找中微子的过程中，人们还找到了一个廉价的中微子源。这就是我们这个行星系的中心——太阳。太阳无时无刻地为我们提供着廉价的能源，哺育着地球上的自然万物。太阳是怎样产生如此巨大的能量呢？

19世纪，随着自然科学的不断发展，人们认为太阳是一个大"炉灶"，在其中燃烧着像煤炭之类的燃料，将大量的化学能转变为热能和光能，并向四面八方辐射。然而，认真算下来发现，用不了多久，太阳上的燃料就烧完了。

20世纪，随着自然科学的不断发展，人们已经知道，太阳这个大"炉灶"内燃烧的不是煤炭之类的燃料，而是氢和氦；氢和氦的燃烧主要不是释放化学能，而是通过核聚变反应释放核能。由于核聚变反应需要上千万度的高温，所以这种反应也被叫作热核反应，释放的能量被叫作热核能。在热核反应的产物中，我们能接收到的强大能量，其中30%是以中微子的形式辐射出来的。有趣的是，太阳上的这个大"炉灶"埋藏在太阳的中心部分，反应生成的能量要达到太阳表面可不是一件容易的事，大约要花3000万年的时间。我们知道，人类的历史只有300多万年。由此可知，我们现在使用

的太阳能是3000万年前热核反应的产物，那时还没有人类的祖先呢!

太阳上的热核反应中，每消耗2个氢原子核，就有1个中微子被产生并辐射出来，而且中微子可不像别的粒子那样"慢腾腾"地移动，它在太阳内部的行动是"如入无人之境"，在生成后的一瞬间就达到了太阳的表面；到达地球表面后，穿越地球更是不在话下。太阳射来的中微子，无论是在白天从上射来，还是在黑夜从下射来，射来的中微子强度几乎是不变的。研究这样的中微子应该是很方便的。

然而，实际情况并非如此，因为中微子几乎不与任何物质反应，捕获中微子可不是一件容易的事。不过捕捉的办法是现成的，科学家用一个装有四氯化碳的容器探测中微子。这容器是一个钢制箱子，它的容积达380多米$^3$，四氯化碳重达600多吨。这个钢箱很高，可达几层楼高。其中的氯原子数量超过$10^{38}$个，这可真是一个氯原子的海洋啊!

科学家把这个钢箱放进一个深达1500米的矿道中。井上这1500米厚的土石层可将除了中微子的所有粒子都吸收掉，只剩下中微子进入四氯化碳中。如上所述，中微子可与氯-37反应，并生成氩-37，并放出一个电子。氩-37是一种放射性元素，测定氩-37的放射性强度，就可以知道有多少个中微子参与了核反应。

不过，中微子对人类的这种安排似乎并不在意，它们还是一往直前地通过，这些氯原子捕捉到的中微子仍是寥寥无几，只有极个别中微子被氯-37捕捉到，并生成氩-37。理论上计算的结果是，大约每天只能捉到一个中微子。尽管很少，但是太阳中微子的研究使人们获得了太阳内部的大量信息，进而为研究恒星内部的结构、了解恒星内部的情况、探索恒星演化的规律找到了一个新的途径。

这个大容器放进矿井之后，放置了几个月的时间才积累起足够的事件，总算是探测到太阳发出的中微子了。然而，探测到的中微子数量与理论上计算的数值严重不符，大约只有理论计算值的1／3。这种现象被称作"太阳中微子短缺"现象，或"太阳中微子失踪案"。这在天文学界引起了轩然大波。这是不是说，我们关于太阳内部核反应的理论还有什么破绽，或许我们对太阳内部的物理状态和结构了解得还不够，或许科学家关于中微子的认识是不正确的，诸如此类，不一而足。直到今天，科学家绞尽脑汁，"太阳中微子失踪案"还是未被破解。

● "宇宙级"的"大明星"

当然，破解此案还是有希望的，科学家提出了一种新的理论，即"中微子振荡"假说。所谓"中微子振荡"的大意是说，不同种的中微子可以相互转化。在解释太阳中微子"失踪"现象时，科学家认为，太阳发出的是电子中微子，

但在中微子行进时有1／3的电子中微子变成了μ子中微子，还有1／3变成了τ子中微子，而地面观察到的只是电子中微子，因此好像太阳发出的中微子只有1／3到达了地球。这样就比较"自然地"解释了中微子的"失踪"现象。

这种解释看上去是"自然的"，但也带来新的问题。在费米建立β衰变理论时，只知道有电子中微子，而且假设中微子的质量为零。而现在的"中微子振荡"假说要求中微子的质量不为零。

中微子的质量问题，不仅与失踪案密切相关，而且还涉及大家在今天正在讨论的"暗物质"问题。这个问题是说，科学家发现宇宙中某些星团之间的引力效应有些反常，违背了现有的引力理论。可是引力理论是科学家在几百年间建立起来的，有些反常就抛弃引力理论并不是一种好的做法。为此，科学家就提出了一些新的假设，以维护现有的引力理论。暗物质是说，我们看到的引力效应并不是可视的星系物质间的引力作用的效应，而是还有许多暗物质也参与引力的作用。暗物质的质量是很大的，大约占了宇宙物质的90％，其中中微子的质量占据了暗物质的1／3，也就是说，在宇宙中大约有30％的物质是中微子。由此可见，中微子研究在现代自然科学中具有多么重要的意义啊！

问题还不仅如此，在1987年，在银河系外发生了一次超新星（命名为1987A）爆发，由于爆炸的程度相当激烈，人们用肉眼也能看到它。这一段时间，全世界的天文观测都集中在1987A身上。科学家在中微子探测器上记录到与1987A相关的中微子事件11个。虽然只有寥寥11个，可是科学家却如获至宝，写了几百篇文章来"讴歌"它们。科学家们就像一群"追星族"，一起追逐这些"宇宙级"的"大明星"1987A，而且还持续了几个月的时间。可见宇宙中的中微子具有多么大的魅力啊!

这样看来，彻底破解太阳中微子"失踪"的问题还需时日，而且中微子还要当"明星"，研究它仍是自然科学的重要课题。

● 假说的作用

在中微子发现的过程中，科学家们的研究与他们正确使用科学方法是有关系的。对于β衰变能量亏损的问题，泡利实际上利用了假说的方法。据说，1931年，泡利访问美国的普林斯顿大学时，有一次，他与别人谈起中微子时说道："我自觉比狄拉克聪明，因此我不急于发表它（指中微子）。"这里提到狄拉克，是因为狄拉克提出反粒子的假说，相信的人很少。在1931年的一次学术会议上，泡利还重申了他的中微子假说。后来，费米还利用中微子假说提出了β衰变的假说。

假说是一种思维的形式，是科学研究的一种方法，但

不是单一的方法。这种方法是利用现在的资料，借助一些方法，对研究对象提出一种带有猜测和假定的解释。在假说中，通常包含两种成分，即从已知的事实和理论出发，利用分析、归纳、类比等方法，提出推测和假定。像泡利的中微子假说，就是泡利根据β衰变的能量亏损现象，借助以往的经验（并没有发现违反能量守恒定律的现象）猜测，β衰变过程违反的能量守恒定律、动量守恒定律、角动量守恒定律只是表面现象，其中还有我们尚未认识到的现象被掩盖着。为此，泡利依据这三个守恒定律提出了一种新的粒子，借此说明β衰变的能量、动量和角动量变化。所以，在科学研究中，假说的价值就是解释原来的理论难以解释的现象，并将原有的知识加以扩展，在扩展的同时，原有的知识还起着作为分析工具的作用。像能量守恒定律，泡利不但不抛弃它，而且还将它作为分析β衰变现象的重要工具。与泡利的做法类似，费米利用中微子假说通过粒子的相互转化，进一步建立了关于β衰变的假说。

泡利的假说虽然具有假定和推测的性质，但是这种假说不是凭空捏造的，仍具有客观的依据，只不过这些客观的规律并未能显现得非常清楚，还需要一个逐渐显现的过程。在这样的发展过程中，原有的假说逐渐获得完善。例如，20世纪上半叶，人们对中微子的认识是很简单的，但在20世纪50年代成功地探测到中微子之后，泡利的中微子假说就成为一种实在的科学理论。但是这并不是说，人们对中微子的认识已经完备了。到20世纪60年代，人们又发现了新的中微子，使人们对轻子的认识大大深化了。到20世纪70年代，对中微子的认识更加深入，以至于对整个轻子、乃至粒子物理学的研究都产生了促进的作用。

虽然实验研究和理论研究都有了很大的发展，但是中微子的研究之路仍是不平坦的。特别是对"中微子失踪案"的困扰，科学家还要借助科学的方法，甚至还要借助假说的方法来厘清思路，"中微子振荡"假说还有待于更深入的认识，这种假说要发展成为科学的理论尚需时日。

从中微子理论的发展来看，科学研究离不开假说，借助假说这种思维形式，搞清楚自然内部的各种奥秘。此外，我们在回答为什么科学家总是提出各种假说时，我们也可以发现，科学是一种探索活动。在科学探索中，科学家往往要提出各种猜测性的东西，以发现或说明新的现象。这样，采用假说来表达这些猜测是非常适宜的。

# 六、粒子世界的对称性

在正电子、反质子、反中子和反西格玛负超子等反粒子被发现之后，粒子世界与反粒子世界的对称性基本被广大科学家所接受了。此后，人们又发现了一些反粒子，这虽属新闻，但也不能产生"轰动"效应了。随着人们对粒子的性质有了更多的认识，科学家们开始注意对这些粒子进行归类和分代，对粒子的性质和结构进行更系统的研究。

## ● 最出色的理论和实验物理学家

当一些粒子被发现之后，人们自然会想到，我们还能把这些粒子看作基本粒子吗？多数科学家认为，这些粒子中，多数已不能再被看作是"基本"粒子了。像质子、中子和一些介子不再是基本粒子，而是具有一定结构的粒子。

最早提出粒子结构的是费米和杨振宁。他们认为，所发现的粒子都是由质子和中子构成，反粒子由反质子和反中子构成。质子和中子，反质子和反中子既是普通的粒子，又能构成其他的基础粒子。例如，正π介子由一个质子和一个反中子构成，负π介子由一个中子和一个反质子构成，中性π介子由正反中子和正反质子构成。但不久之后，人们发现这种说法是不对的，便放弃了这种观点。不过，值得指出的是，费米和杨振宁将当时尚未被发现的反质子和反中子也当作构成粒子的基本粒子，这是需要一些胆识的。

提到费米，他是继伽利略之后意大利最重要的科学家，当时意大利将他看作复兴意大利科学的希望。遗憾的是，由于意大利墨索里尼反动政权推行法西斯政策，费米和一批科学家离开了意大利，并参加到反法西斯的阵营中。

费米于1901年出生在意大利的罗马。父亲是一位铁路职员，母亲是一位小学教师，费米是家中最小的孩子。费米上学时，字写得不好，写文章也过于直白，不做任何修饰。当时有人认为这是精神贫乏的症状，不过这并不适合费米，这种直白倒形成了费米一种非常简洁的文风。

小时候，费米就喜欢看数学和物理学方面的书籍，并且很爱提问题，对这些问题也总是认真思考。有一次，他在玩陀螺时，对旋转的陀螺总是不倒，在倾斜时也不易倒下的现象不解。他想弄个明白，为此想了很长的时间。

有一段时间，费米常到父亲办公室，与父亲同在一个办公室的一位同事与少年费米常常谈论一些科学问题，并得到了一定的指导。父亲的同事有时要出几道题让费米做一做，

意大利科学家费米

虽然就像是一些游戏，但还是要比费米学习的程度高出一些。他估计费米是做不出的，但费米都解出来了，并希望出一些更难的。过了一段时间，费米再要求出题时，这位父亲的同事已无题可出了，他只得借一些书给费米看。在这位"校外老师"的指导下，费米产生了一个想法，长大要当一名科学家!

中学毕业后，在父亲的这位同事坚持下，费米考入了比萨的高等师范学院。虽然父母不愿意让费米去那么远的地方读书，但费米还是去了那所学院。在入学考试时，学校要求费米写一篇关于弦振动的论文。写完后，主考教授非常惊讶，这位考生怎么能有那么丰富的知识呢？因此在办公室里召见这位年轻的学生。谈完话之后，教授的结论是，费米是一位"出类拔萃"的学生。

尽管在学习期间费米热衷于搞"恶作剧"，但是就像费米夫人后来回忆的，伽利略的"英灵必然隐现在这个城市里，鼓舞着青年物理学家们。伽利略曾经从斜塔的顶上做过落体实验，费米那时的大学生们天天都从斜塔旁边走过；那盏以其摆动向伽利略提示了单摆定律的灯，仍旧悬挂在那座古老教堂原来的天花板上"。

费米的确是一个不平凡的学生，实验教授觉得这个学生比他懂得多，认为费米是一个"头脑清晰的思想家"，提出向他学习理论物理学。费米竟没有半点儿客气，答应教他相对论。

1926年，经过几年的辗转，费米到了罗马大学，这时他在物理学研究上已获得了一些名声，特别是在量子力学上已有了一定的成绩。在20世纪30年代，费米在β衰变理论研究中取得了突破。借助泡利的中微子假设，费米建立了β衰变的定量理论；此后在原子核物理学的研究上发现了慢中子效应，并且发现了一些放射性同位素。为此他于1938年获得了诺贝尔物理学奖。这时由于费米厌恶法西斯专政，他在领取诺贝尔奖之后，离开了意大利，经瑞典来到了美国。

在美国，身为"敌侨"的费米受到美国政府的信任和重视，参加了美国研制原子弹的工作。在费米领导下，美国在1942年12月建成了世界上第一座核反应堆，接着在1945年7月于美国新墨西哥州南部试验成功第一颗原子弹。

据说，从试爆现场回来后，妻子问他爆炸的情况，他说只看到了闪光，并没有听到爆炸声。可是收音机中讲，原子弹爆炸时，"响起了强烈、持久而可怕的怒吼"。这是怎么回事呢？原来当别人都注视着爆炸过程时，费米却扬手撒出了一些小纸片，他的注意力都集中在这些小纸片上了。他为什么要注意这些小纸片呢？当原子弹爆炸时，巨大的冲击波气浪吹动这些小纸片，使其飞行一段距离。费米要步测小纸片飞行的距离，而后再计算出原子弹的爆炸威力，结果与仪器测量的结果是完全一致的。不过费米在计算时极为投入，

像几千颗炸弹的爆炸声，他竟置若罔闻。

由于费米在理论研究和实验研究上都有很出色的成绩，他当然是一位"双料"的物理学家了。然而，由于20世纪的物理学太复杂了，能够在理论研究和实验研究上都一样出色的物理学家，除了费米外，几乎不能找出第二位了。

● 日本科学家的探索

汤川秀树于1929年大学毕业后，留在京都帝国大学物理系任教，并开始讲授量子力学。在听课的二年级学生中有两位优秀学生，他们是坂田昌一和小林稔，而一年级学生中还有一位名叫武谷三男的。这三位学生很受汤川秀树的赏识，但学生对汤川秀树的讲课并没有什么好的印象，因为他的声音太小，且"舒缓柔和"，"催眠"的效果很好。后来他们都成为"汤川小组"的成员，特别是坂田昌一，他与汤川合作发表了一系列有关介子的论文。

也许关于介子的最初想法，坂田昌一并未对汤川有什么直接的影响，但在后来的研究中，坂田昌一提出了一些重要的观点。当安德森在宇宙线中发现介子之后，许多科学家做了进一步的研究。1942年，他们发现，安德森发现的介子与汤川预言的介子具有不同的性质。为此，在认真研究之后，坂田昌一提出了"二介子"理论，即安德森发现的介子与汤川秀树预言的介子并不是同一种介子。安德森发现的介子被称作 μ 介子（后又称为 μ 子），μ 子并不参与核子之间的交换。因此坂田昌一认为，汤川秀树预言的介子并未被发现。直到第二次世界大战之后，人们才从宇宙线中发现汤川秀树预言的介子——π 介子。

1955年，坂田提出"坂田模型"，在这个模型中适当保留了费米—杨振宁模型的合理部分，如 π 介子是由核子与反核子构成。坂田认为，已发现的粒子中，像中子、质子、π 介子，以及 Λ 粒子、K 粒子、Σ 超子等，都是由这三种粒子（和它们的反粒子）构成，即质子、中子和 Λ 粒子。这三种粒子被称作基础粒子，它们既是普通粒子，又是基础粒子。特别是 Λ 粒子是奇异粒子，可用于构成其他的奇异粒子。如：

$\Sigma^+$ 粒子是由一个中子、一个 Λ 粒子和一个反质子构成；

$\Sigma^0$ 粒子是由一个 Λ 粒子、一个质子和一个反质子，或一个 Λ 粒子、一个中子和一个反中子构成；

$\Sigma^-$ 粒子是由一个 Λ 粒子、一个中子和一个反质子构成；

$\pi^+$ 介子是由一个反质子和两个 Λ 粒子构成；

$\pi^0$ 介子是由一个 Λ 粒子、一个质子和一个反中子构成；

$\pi^-$ 介子是由一个 Λ 粒子、一个质子和一个反质子，或一个 Λ 粒子、一个中子和一个反中子构成；

$K^+$ 介子是由一个质子和一个反 Λ 粒子构成；

$K^0$ 介子是由一个中子和一个反 Λ 粒子构成。

1959年，其他日本科学家对"坂田模型"做了一些修

改，并且预言了新粒子，结果从实验中发现了这种新粒子，并命名为η粒子。这时，坂田昌一还与他在名谷屋大学的同事对"坂田模型"做了一些发展，提出"名谷屋模型"。在这种模型中，他们提出了一些"基底粒子"，基础粒子是由基底粒子构成的。他们力图将所有粒子都统一到基底粒子上。

坂田昌一的研究是很有特点的，他在年轻时就读过恩格斯的《自然辩证法》，在大学读物理学课程时，坂田认识到自然辩证法对自己的学习和研究工作具有重要的意义。在粒子物理学研究过程中，坂田昌一认为，所谓基本粒子并不是物质的基原。他主张，应以物质层次的观点为指导，他的基础粒子和基底粒子的观点都是物质层次观点的反映。当然，尽管坂田昌一的理论在粒子物理学中占有一定的地位，但他的"坂田模型"和"名谷屋模型"还有不少的缺陷，后来被"夸克模型"所取代。

● 盖尔曼的"周期表"

第二次世界大战后，粒子物理学的发展很快，粒子加速器越来越大，探测器的技术越来越精密，十余年间就发现了100多个新粒子。发现的粒子一多起来，再将这些粒子称作"基本粒子"就不合适了。对于科学家来说，当时最紧迫的一件事是对粒子进行分门别类。由于对这些粒子的性质和特征都了解得很多了，许多粒子具有一些相同或相似的性质，因此可以利用对称方法进行分析和归类。

对粒子的分类最成功的是美国科学家盖尔曼。他利用群论的知识，借助对称的方法将重子和介子，按八个一组来归类。盖尔曼将这种方法叫作"八重法"。"八重法"中的重子不是像"坂田模型"所设想的，由两个基础粒子和一个反基础粒子构成，而是由三个基础粒子构成，但这三个基础粒子已不是质子、中子和Λ粒子。大约与此同时，以色列科学家尼曼也独立地提出了"八重法"。

像化学元素周期表一样，盖尔曼将已知的众粒子按八个一组放入图示之中，因此这种图示也叫作"八重态"。它们包含八个质量最轻的重子：质子和中子、三个Σ超子、两个Ξ超子和一个Λ子。图示出来就像一个正八边形，八个粒子分处在各个顶点。这八个重子的宇称都是正值，质量也相近，只是电荷不同，奇异数不同。

"八重态"的成功对盖尔曼是一个鼓舞，他还想用这个方法将一些其他的粒子归类。为此盖尔曼根据群论的知识，提出了一个"十重态"的方案，他找出九个重子，将它们分四列放入一个三角形的图示中，一列为四个Δ粒子、一列为三个Σ、一列为两个Ξ，还有一列为一个粒子，是未知的粒子。1962年，盖尔曼在欧洲的一次学术会议上提到这个粒子，他将这个粒子的性质罗列出来，并将这个粒子放入图中的三角形顶点。不过这是真的吗？这很像门捷列夫的做法，

盖尔曼也像门捷列夫那样预言出新的粒子。

1964年传来了好消息，人们发现了负Ω粒子，把它放在盖尔曼预言的位置上正合适。接着，盖尔曼将所有的粒子都放进了他的"粒子周期表"中，甚至也给还很难测到的磁单极子、引力子和中间玻色子留下了位置。

此外，盖尔曼还发现了一个介子"八重态"，也是很规整的。当负Ω粒子被发现之后，盖尔曼获得了很大的名声。特别是他的"八重法"就像中国的"八卦图"，带有很神奇的色彩。

## ● 喜欢语言课程的学生

盖尔曼于1929年出生在美国纽约。他的父母是在第一次世界大战之后从奥地利移民到美国的。父亲是一位语文教师，在数学、天文学和考古学上也有一定的造诣。家中只有他与哥哥，哥哥是一位摄影记者。受哥哥影响，盖尔曼对鸟类知识很有兴趣，并对自然科学发展的历史很有兴趣。他还精通几国语言，这在科学家中是不多见的。

盖尔曼极有天赋，8岁时就得到了一笔奖学金，并进入一所重点学校。在学习期间，盖尔曼的功课差不多是门门优秀，但对学校的单调生活很厌烦，尤其是对物理学不感兴趣。他感兴趣的是语言学、数学和历史学，甚至像橄榄球这样的运动项目也是他所喜欢的。

15岁时，盖尔曼考上了大学，但对陌生的大学生活还缺乏信心，甚至还怀疑自己的学习能力，学什么专业也难以确定。当时父亲希望他将来搞工程，可是盖尔曼并没有这样做，而是在表格中填下了物理学，他觉得物理学与工程学是相近的专业。因此，像他自己所说的那样，当上一名物理学家纯属偶然。

19岁时，盖尔曼大学毕业了，同时还获得了麻省理工学院的奖学金，并成为这里的研究生。在学习上他毫不费力，而且总是得到高分。他经常参加一些学术讨论会，这使他对物理学的问题有了更深的了解。为此他选择了难度较大的科学问题。

1953年，盖尔曼的研究取得了很大成绩，这就是他所提出的"奇异"量子概念。所谓"奇异"是指，当 $\pi$ 介子或质子与原子核进行碰撞时，可以产生像K介子或超子这样的奇异粒子。这种粒子产生得很快，衰变得很慢。最初，由于难以解释，就将这些粒子叫作"奇异粒子"。盖尔曼提出的"奇异"概念成功地解释了奇异现象。这样，盖尔曼不仅在粒子物理学界获得了一些名声，而且他起的名字"奇异"包含着"在比例中不具有某种奇异性就不会成为至美的"（培根的话）意思，可见他起的名字是十分讲究的，这与他的文学素养不无关系。开始他起的名字是"好奇"，后

美国科学家盖尔曼

来才根据培根的话改为"奇异"。

当年，为了解释中子与质子之间的"交换力"，汤川秀树提出了"介子"概念，并在20世纪40年代末得到证实，然而在50年代，人们发现了更重的介子——K介子，它比质子要重一倍。质量超过质子质量的粒子就被称作"超子"，并且还有别的超子不断地被发现。

这时人们发现，粒子间的作用除了电磁相互作用外，还有强相互作用和弱相互作用，引力相互作用太弱了，所以可以被忽略。这样，粒子可被分为三类：只参与电磁相互作用的光子，既参与电磁相互作用、又参与弱相互作用的轻子，既参与电磁相互作用和弱相互作用、又参与强相互作用的强子。在已经发现的粒子中，大部分是强子，像K介子和π介子之类的介子、质子和中子之类的重子、很重的超子都是强子。像K介子和超子就是在强相互作用下产生的，人们认为，这些粒子在衰变时也应有一种相互作用，但是实际上是在弱相互作用下衰变的。在弱相互作用下的衰变不会超过十亿分之一秒，这是一个极小的数值，但比强相互作用下的衰变还是要慢得多，二者相差几十亿倍。按这种说法，K介子衰变应在亿亿亿分之一秒内就完成，而不应在万亿分之一秒内才完成。大家觉得这很奇怪，所以就将K介子和超子之类的粒子叫作"奇异粒子"。

盖尔曼的"奇异"是量子概念，圆满地解释了这些奇异现象。1955年盖尔曼被聘到加利福尼亚理工学院，第二年还被聘为教授（这一年盖尔曼只有27岁）。

● 海鸟的叫声

1964年，由于"八重法"的成功，盖尔曼在科学界的名声就更大了，但盖尔曼并不满足已有的成功，他还要在物质结构研究的道路上走得更远。"坂田模型"在说明介子是比较成功的，但在说明重子上并不成功。特别是对于盖尔曼预言的负 $\Omega$ 粒子，用两个基础粒子和一个反基础粒子组合时，无论采用什么组合形式，要组成负 $\Omega$ 粒子都不行。

这样，就在他提出"八重法"时，盖尔曼开始思考，这么多的强子都是基本粒子吗？就像当年狄拉克对负能解并不轻易舍掉，而名之为反电子一样，在用群论研究粒子时，盖尔曼提出了"八重法"和"八重态"，但还有一个可解释为"三重态"的基础。他百思不得其解，后来一位科学家同盖尔曼谈到这个问题。这才促使盖尔曼重新考虑这个问题。

是什么使盖尔有些犹豫呢？原来构成像质子、K介子这些粒子的粒子应具有分数电荷，即电荷为电子电荷的+2 / 3 或−1 / 3。这与一般的看法不能相容，因为电子是最小的电荷，比电子再小的电荷是没有意义的。

这些具有分数电荷的粒子应叫什么名字呢？盖尔曼想，这种一分为三的东西与他看过的一本诗集有些关联。就像

"八重法"与佛教的知识有关，他认为，"八重法"就是
"八种正确的生活方式可免受痛苦"的意思，因此，"八重
法"也被称作"八正道"。这次为粒子起名字，他又想起了
一个更加"怪诞"的名字，这是从一本诗集中找到的，这本
诗集的名字是《芬尼根的彻夜祭》，其中有几句诗：

夸克…夸克…夸克…

三五海鸟把脖子伸直，

一起冲着绅士马克。

除了三声'夸克'，

马克一无所得；

除了冀求的目标，

全部都归马克。

这样，盖尔曼就为更基本的粒子起了名字，叫"夸克"。

盖尔曼将这些想法写成论文，这篇论文并不长。编辑看
到这篇短文中竟有一个很怪的名称"夸克"，他想这又不是
小说，这种不受约束的想象不太像科学论文，就将论文给退
回去了。所幸的是，他将文章寄到欧洲，文章还是发表了。

不只是美国的编辑不理解，当盖尔曼打电话给正在欧洲
工作的老师韦斯科夫时，老师对夸克也是莫名其妙的，老师
说道："这可是跨洋电话啊!是要花钱的，我们别讨论这种无
聊的事情了。"老师觉得在长途电话中讨论什么夸克，花了
许多钱是不划算的。

根据当时对粒子的认识，盖尔曼设想的夸克有三种：上夸克

（up）、下夸克（down）、奇（异）夸克（strange），可以简写为 u、d、S。U所带的电荷为电子的+2／3，d所带的电荷为电子的−1／3，S所带的电荷为电子的−1／3。简而言之，夸克所带的电荷为：u为2／3、d和S为−1／3。构成重子的夸克要3个，构成介子的夸克要2个。例如，上面"八重态"中的八个粒子：质子和中子、三个Σ超子、两个Ξ超子和一个Λ超子。其中2个下夸克和1个上夸克构成中子，写作（udd，因此，中子的电荷为0），构成质子的夸克为（uud，质子的电荷为1），Σ＋（UUS）、Σ⁰（dus）、Σ⁻（dds）、Ξ⁰（USS）、Ξ⁻（dss）、Λ°（uds）；"十重态"中的十个重子：△⁺+（uuu）、△⁺（uud）、Δ⁰（udd）、△⁻（ddd）、Σ⁺（UUS）、Σ⁰（sdu）、Σ⁻（dds）、Θ⁰（USS）、Ξ⁻（dss）、Ω⁻（SSS）。此外，

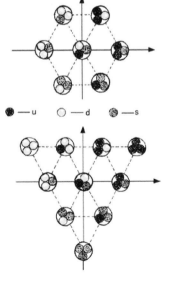

夸克构成的粒子

还有8个介子。3个夸克和3个反夸克恰好有9种组合方式：U和反u、d和反d、S和反S、d和反u、d和反S、S和反U、S和反d、u和反d、u和反S。这恰好可构成8种介子和1个介子单态。大约与盖尔曼同时，美国科学家茨维格也提出了夸克模型，但他叫"王牌"（ace）。

这里的u、d、S被形象地说成为夸克的三种"味"，每种夸克还有三种颜色：红、黄、绿，也

科学家们用生动的比喻道出了夸克的特性

可写作R、Y、G。然而对夸克的认识就此终止了吗?

在20世纪60年代,夸克的三种"味道"就可以解释当时的粒子现象了,但到了70年代就不行了。当时美国科学家格拉肖在1974年的一次介子会议上提出了一种新的夸克——粲夸克(charm),简写为c。他还劝与会者去寻找这种新夸克,免得被"外行"先发现了。他还"打赌"说:"下次介子会议不外乎如下三种情况:一是没有发现粲夸克,那么我把自己的帽子吃掉;二是它被介子专家发现,那么大家一起庆祝;三是它被外行发现,那么与会的介子专家就要吃掉各自的帽子。"事情发展得很快,半年后,粲夸克被丁肇中和里克特发现了。

● 有趣的"吉普赛"

20世纪60～70年代,世界上建成了一些能量更高的加速器,这为研究强子结构提供了更好的条件。1974年8月,美籍华裔物理学家丁肇中的研究小组在布鲁克海文实验室的质子加速器上发现了一个新的粒子,并于11月份宣布。同时,在美国西海岸的斯坦福大学直线加速器中心里克特小组也发现了类似的粒子。丁肇中将此粒子命名为"J"，其形象与中文的"丁"字相近，寓意为中国人发现的粒子；里克特则将它命名为"Ψ"。因此，这个粒子就以"J／Ψ"命名。不久在其他国家的加速器上也相继观察到这种粒子。为此，丁肇中与里克特获得1976年的诺贝尔物理学奖。

由于发现者都具有命名的优先权，所以名称定为J／Ψ。大多数科学家在称呼这个新粒子时采取了外交式方式，当你到美国东海岸时，就叫它"J"，而到了西海岸时就叫它"Ψ"，到世界其他地方就随便了，多数人叫它"J／Ψ"，读作GYPSY，译成中文时就是"吉普赛"。人们就想起了那个漂泊世界的吉普赛民族了。

里克特是美国物理学家，1931年出生在美国纽约。1952年毕业于麻省理工学院，1956年获哲学博士学位后，他去斯坦福大学攻读高能物理学，并一直在那里工作。由于斯坦福的巨大的加速器，里克特于1974年发现了Ψ粒子。

J／Ψ粒子的质量很大，比质子质量还要大3倍多。它的电荷是2e／3。但是J／Ψ的寿命却出奇的长，达10~20秒；其寿命比能量差不多大的典型强子要长1000多倍。格拉肖提出新夸克——粲夸克，即c夸克，

美国科学家里克特

正好解释了J／Ψ粒子的性质，即新发现的J／Ψ是由一个粲夸克和一个反粲夸克组成的。

丁肇中是美籍华裔物理学家，1936年出生在美国。1956年到美国密执安大学学习，并从机械专业转到物理专业。1962年获得该校的博士学位，后去哥伦比亚大学和麻省理工学院任教。丁肇中的实验工作主要在位于德国汉堡的电子同步加速器研究中心、位于瑞士日内瓦的欧洲核子研究中心和美国布鲁克海文实验室进行。1974年夏，丁肇中的小组在布鲁克海文实验室发现了J粒子。

粲夸克被发现后，科学家又陆续发现了一些新的与粲夸克有关的粒子，如$D^+$（C和反d）、$D^o$（C和反U）、$D^-$（d和反c）等，此外还有一些过去被发现的粒子也含有粲夸克的成分。

● 喜欢科学幻想的孩子

格拉肖的父亲是移民到美国的犹太人，母亲也是移民。格拉肖于1932年出生在美国纽约，是三兄弟中最小的。格拉肖很喜欢动手做一些事情，如拆卸钟表和收音机，看看其中的结构，看钟表为什么可以走动、收音机为什么能出声。上中学时，格拉肖在家里的地下室建了一个化学实验室，亲自动手做一些又有趣又危险的实验。父母还为他买了显微镜，借助它可以看到一些微小的世界，可能因此触发他后来走上了研究微观世界的道路。

上中学时，课堂上讲的东西不能引起格拉肖的兴趣，格拉肖的功夫都放在了课外，尤其喜欢读书。开始他爱看喜剧书，后来发现科学幻想书更有趣，为此还参加了一个科学幻想俱乐部，并编辑出版了一个中学科幻杂志。在俱乐部的活动中，同学们一起讨论一些科学问题，看谁最先理解一些最新的科学知识。格拉肖还向同学学习大学的课程内容，如高深的量子力学和微积分知识。这些学习活动促使格拉肖选择了物理学作为未来的职业，而他的两个哥哥分别当上了医生和药剂师，按父母原来的要求，格拉肖也应做医生。

中学毕业后，格拉肖与他的同学温伯格同时被三所名牌学校录取。为了确定其中的一所，温伯格的父亲带着两人，开车到三校参观和比较，最后他们确定了康奈尔大学。不过，格拉肖对大学课堂上讲的内容并无兴趣，尤其不爱做作业。有一次，他与其他5个同学，将一份作业复印下来后交了上去。老师找到这6个同学，问他们，"是想一个人得100分，其余人得0分；还是每个人平分这100分？"但是到了3~4年级时，他选了一些研究生课程，听起来还是挺起劲的。

大学毕业后，他考入哈佛研究生院，攻读博士学位。听课还是没有什么意思。第二年，他选了著名科学家施温格的课。这位施温格有"科学家中的莫扎特"之称，有极好的知识基础，但上课时声音微弱，满黑板写的尽是公式。因为黑

板上的内容尽是正在研究的内容，难免有些问题。还常常发生这样的事情，一上课施温格就宣布，上次的推导都错了。

20世纪70年代，格拉肖关注夸克理论，提出了粲夸克，并为此"打赌"。没想到很快就被证实了，在1976年的介子会议上，会议组织者发给每人一块草帽样的糖果，因为，粲夸克是"外行"（不是介子专家）发现的，所以与会者要把这些"草帽"吃掉。

● "夸克囚禁"

1977年新发现的粒子还有第三代轻子——τ轻子。新轻子的发现提示科学家，应存在第三代夸克：顶夸克（top）和底夸克（bottom），也被称作真（理）夸克（true）和美（丽）夸克（beauty），简写为t和b。

1977年，莱德曼领导的费米实验室的科学家和哥伦比亚大学的科学家开始了寻找底夸克和顶夸克的工作，并且发现了新粒子，这些新粒子包含着底夸克的成分。但寻找顶夸克就不那么容易了，直到1984年，欧洲核子中心只发现了顶夸克的痕迹，为此一些实验室开展了寻找顶夸克的"竞赛"。1992年5月，费米实验室的研究人员利用大型对撞机寻找顶夸克，参加实验的是两个国际性的合作组，共800余人。1994年4月，他们首次观察到底夸克的"兄弟"——顶夸克的实验证据，并测定了其质量。它比它的"兄弟"底夸克重30多倍，是质子质量的180多倍，大大出乎人们的预料。这一成果是20世纪90年代高能物理学的一个重大成果，并被国际

夸克和胶子

合众社评为1995年度的"十大国际科技新闻"之一。

顶夸克是借助世界最大的质子—反质子超高能对撞机发现的，并且花了近20年的时间才完成，说明超越国界的科技合作是具有重要意义的。

就现在的认识水平来看，夸克是最小的物质粒子，在构成强子时，夸克之间的作用还要借助胶子，这就像传递电磁作用的媒介粒子——光子一样。同样，就像带电粒子所带电荷决定电磁作用的强弱一样，夸克粒子也带有"色荷"；不过电荷只有一种，色荷却有三种：红色（R）、黄色（Y）和绿色（G）。这些色荷决定夸克参与强相互作用的强弱程度。由于色荷共有三种，因此胶子就要有8种。一般来说，介子是由一个夸克和一个反夸克构成的，重子是由三个夸克构成的。这些正反夸克之间的作用是通过交换胶子来完成的。如果说约束核子在原子核内的力是核力，那么约束夸克在重子或介子内部的力可以称作"色力"。不同的是，核力

强子的樊笼

对核子的约束是有限的，在外界作用下，像放射性元素那样，核子脱离原子核并不是太困难的事情。然而，从实验的情况来看，色力并非一般的力，夸克要冲破色力的束缚是不可能的。这种现象就像夸克被"囚禁"起来一样，因此就将这种现象称作"夸克囚禁"。

关于"夸克囚禁"，科学家们曾提出用"弦"模型来解释。他们认为，强相互作用可能是由一些"弦"状粒子产生的。在这种模型中，介子中的正反夸克由一根"弦"系于"弦"的两端。重子中的三个夸克则由三根"弦"联系着。这种弦的长度为10~13厘米。借助这种图像，人们可以看到，夸克受制于"弦"的作用。然而，奇怪的是，当两个夸克离得十分近时，它们之间彼此并无妨碍，每个夸克的行动很"自由"；但夸克离得较远时，色力的作用并不随距离的增加而减小，也就是说，夸克不能完全挣脱"弦"的作用而变成"自由夸克"，而只能在"弦"的控制下，在距离较近时获得"渐近自由"。

总的来说，当前要定量解释"夸克囚禁"问题和强子结

构的图像，这仍是高能物理的
重要任务。

彼此"想念"的夸克也不能紧密相处

## ● 基本粒子大家族

就当前的认识水平，重子
都是由夸克构成，夸克共有6
种，轻子共有6种。还有传递
相互作用的媒介粒子，如光
子、$Z^0$、$W^+$、$W^-$、胶子和引
力子。

从盖尔曼提出夸克理论之后，迄今共发现3代6种夸克，
第一代夸克为U和d，第二代为S和c，第三代为t和b。其中
U、c、t带正电荷，电荷数为电子的2／3；d、S和b带负电
荷，电荷数为电子的1／3。可见在同一代中的两个夸克，所
带电正好差一个电子电荷数，它们的差别主要是在质量上。

迄今发现的轻子数也正好为3代6种：e、μ、τ、$v_e$、
$v_\mu$、$v_\tau$。第一代轻子为e和电子型中微子，第二代轻子为μ
和μ子型中微子，第三代轻子为τ和τ子型中微子。其中
e、μ、τ均带一个电子单位的电荷，对应的中微子都不带
电，每一代的两个轻子电荷数也差一个单位电荷。

夸克和轻子的这三代划分法并不是一种巧合，而是有着

重要的内在联系。从质量上看，后一代比前一代要大，并呈现周期性表现。这种周期性表现也许预示着夸克还有更深一层的结构，它们也许是由更加基本的粒子构成。

从夸克和轻子的对应关系来看，夸克和轻子只有三代，其中轻子和反轻子共12种；夸克由于带有3种颜色，计有18种夸克，加上它们的反夸克，共有36种。因此就目前来看，轻子和夸克的数量总共有48种，这是构造大自然的基本粒子。此外，还有传递各种相互作用的媒介粒子：传递电磁相互作用的光子，传递弱相互作用的粒子$W^+$、$W^-$和$Z^0$，传递强相互作用的胶子有8种，共计12种。

由此可见，在夸克和轻子的这个层次上，基本的粒子共有60种。借助这60种粒子，人们不仅可以解释自然界的各种现象，而且还可以借这些粒子的不断深入研究，作为认识更深层次的粒子的一个必要中介。

# 七、奇妙的镜中世界

关于物与像，唐初作家王勃曾写过一篇文章《滕王阁序》，他在描写秋天的景色时讲道，"落霞与孤鹜齐飞，秋水共长天一色"。这句话极为传神，成为千古名句，作家观察景色的细致实在是令人佩服的。当然，如果要从光学的角度来看，它实际上是一个镜面反射的现象。

## ● 马赫的惊讶

在14世纪，法国有一位名叫布里丹的哲学家讲了一个有趣的故事，有一头又饿又渴的驴子，而且饿的程度与渴的程度是一样的。当驴子面对一捆青草和一坛清水时（其香甜与甘冽也达到同样的程度），大脑却难以发出指令：是先喝水，还是先吃草。这样，由于驴子不

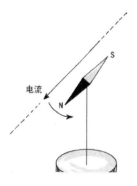

电与磁存在着有趣的联系

能抉择，只能面对青草和清水渴饿而死。这说明，有意识的驴子难以选择，如果它没有意识活动，也许就不会产生悲剧性的结果了。

19世纪，丹麦科学家奥斯特实现了人们很久以前就产生的一个想法，即通电的导体可以产生磁场，进而使导体旁边的磁针发生了偏转。这在19世纪科学发展中是一个极其重要的发现，而从更一般的科学原理上看，自然界的一些看上去毫不相干的现象可能存在着一种并没有显现得很清楚的关系。后来，人们从电产生磁的现象，反过来思考，借助一种对称的想法，认为磁也应可以产生电，并最终使法拉第首先发现电磁感应现象。

对于奥斯特的实验，也有人不从电与磁相联系的角度去看，而是换了一个视角。这就是奥地利著名科学家和哲学家马赫。据他自己讲，在少年时期，他就知道奥斯特的这个实验，即把一个磁针悬吊起来，而后将导体与磁针平行地放

奥地利科学家马赫

置。当导体通过电流时，磁针就偏转。然而在少年马赫看来，通电后磁针是不应偏转的，因为磁针与导体是平行的，而电流通过导体，电流也应与磁针平行。这种排列都是对称的，电流通过导体不应该破坏原来的对称。如果磁针具有理智的活动，它应该像布里丹的驴子，不

会在左右摇摆之间做出选择。像磁针这样的驴子破坏了原来的对称，看上去就像"愚蠢"了。由此可见，不只李政道看到左右的不对称，马赫在100多年前就注意到了。

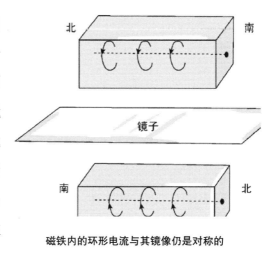

磁铁内的环形电流与其镜像仍是对称的

当然，我们也应看到，几何上的对称知识不能硬搬到物理学上。因为物理学上的对称涉及对磁性本质的认识。我们应从微观上去了解物质的磁结构，而不应只根据表面上的现象就做出判断。

我们知道，磁铁的磁性与磁铁内部一些微小环形电流的规则排列有关。而我们在一面镜子前做这个实验，我们就会发现镜像中磁铁内环形的电流方向与现实磁铁内的环形电流方向是对称的。

由此可以看到，在物理学上的对称与几何学上的对称是不完全一样的。特别是在微观条件下，物理学要研究的对称现象比几何学上的对称要深入得多，不过几何学上的对称知识并没有失效。

● 不对称的电磁现象

关于电磁的知识，古人就已知带电体可以吸引轻小物体，尤其是关于磁石极性的了解，导致指南针的伟大发明。19世纪电磁知识的大量增加，导致电炉、电报、电灯、电话、电影、发电机、电动机、变压器等新发明，使人类文明的色彩更加绚丽。但是，这还不能说明关于电与磁的知识体系是完善的。

在19世纪下半叶，英国著名科学家麦克斯韦，依靠他那丰富的数学知识和精湛的科学方法，把所有关于电磁现象的知识集成在一起，形成了一个完整的电磁学体系。在建立这个体系时，麦克斯韦通过深入的研究，发现所谓光现象不过是一种电磁现象的特例而已，为此他将电、磁和光都统一在新的电磁学体系之中。此外他还大胆预言了电磁波的存在，后来德国科学家赫兹从实验上证实了电磁波的存在。无线电报技术的发明就是电磁波理论的发展。然而电磁学理论也对物理学理论的发展

**麦克斯韦与法拉第在一起**

提出了 些问题。

我们知道，一架旧式座钟的运行，是利用摆的往复摆动的等时性，当我们移动这个座钟到另一地，座钟的运行会稍许改变。这并不令人惊奇，17世纪时，人们就注意到这种现象了。因为在移动到另一地时，重力加速度会发生一点儿变化，然而，支配座钟运行的物理规律并没有变化。其实这也是一种对称性，是物理规律的对称性。这种对称性是指在一种变换下（如座钟的移动）应具有不变性。马赫惊异通电导体导致磁针偏转现象，并没有破坏这个系统的对称性，因为在一种镜像变换下，物理规律并没有被改变。

电磁学体系的建成无疑是科学理论发展的一个重大成就，遗憾的是，在实现伽利略变换（从一个惯性系统到另一个惯性系统的变换）时，电磁学规律的形式发生了变化，也就是说在伽利略变换下的不变性被破坏了。可这是电磁学理论的问题，还是伽利略变换的问题呢？经过认真的分析，人们发现电磁学规律是没有问题的，问题出现在伽利略变换上。经过科学家的研究，人们找到比伽利略变换适用范围更广的变换。在新的变换形式下，对称性规律依旧保持了其形式的不变性。这就是说，在新的变换下，物理规律仍可以保持它的对称性。

我们在学习物理学时，物理学体系中，有一些非常重要的和特殊的定律，名叫守恒定律。像机械能守恒定律、动量守恒定律、能量守恒定律、角动量守恒定律等，都是有名的

守恒定律，我们曾在上面进行过一些讨论。为什么这些量可以守恒呢？比如，一般情况下，物体速度发生变化、温度发生变化、压强发生变化、电流或电压发生变化，为什么不能守恒呢？过去，科学家要一个一个地去反反复复做实验，逐渐地找到这些守恒量和对应的守恒定律，或否定某些不守恒的量。应该说，这样的做法是严谨的，但也比较笨拙。有没有更简捷的方法呢？

有的。在20世纪上半叶，德国数学家诺特发现，在每一种变换下，如果物理规律是不变的，那么就应该对应一种守恒定律，或者我们就说，这种不变性体现的是物理规律的对称性。如果我们找到一种守恒定律，就说明它存在一种不变性，体现了物质运动的对称性。

## ● 最伟大的女数学家

诺特的家庭是一个有数学研究传统的家庭。她的曾外祖父虽然经商，但经常把业余时间花费在数学上，她的父亲则是一位大学数学教授。诺特似乎也难逃家族的这个传统。

诺特于1882年出生在一个犹太人的家庭。少女时代的诺特虽长得平常，可功课非常好，高中毕业时她还取得了教师的资格。但诺特并不满足，而是走上了一条非常艰难的数学研究道路。

在20世纪初，女学生上大学已属凤毛麟角，学数学的就更加稀少了。由于社会上有一些人对女学生学数学有偏见，这对诺特产生了很大的压力。面对这些压力，诺特只有发奋学习，把许多业余时间都用在学习上。她所做的笔记和使用的演算与推导草稿往往要比别人多出几倍。这样，通过刻苦钻研，她在现代数学的

**著名女数学家诺特**

一些主要分支上都打下了坚实的基础，并决心走上数学研究与探索之路。正在这时，父亲的同事，一位著名的数学家引导诺特走进了数学的"象牙塔"。他悉心指导诺特，使诺特得以全身心地投入到数学研究的事业上。

在最初的几年研究中，诺特的成果便引起了一些大数学家的注意。尽管由于当时社会的偏见，使女性科学工作者很难进入大学讲堂，但在德国著名科学家希尔伯特的帮助下，诺特还是在哥廷根大学开设了一些高深的数学课程，并在现代数学的发展中做出了重要的贡献。特别是在大学形成了一个以诺特为中心的小组，这个小组的成员来自世界好几个国家，因此对促进世界各地的数学研究做出了贡献，并且也使哥廷根大学成为世界现代数学的研究中心。

1932年，在国际数学家大会上诺特做了一小时的报告，

受到与会者的普遍赞誉。遗憾的是，1933年由于纳粹的排犹政策，诺特只得离开祖国，移居到美国；更为遗憾的是，在1935年，因手术失误，使诺特意外地死去。这使数学界蒙受了巨大的损失，作为历史杰出科学女性之一，她值得世界永远怀念。

在20世纪物理学的发展中，诺特也做出了同样出色的贡献。对于对称性的分析，诺特提出了一条很重要的定理。她认为，某一种物理量如果是守恒的，它就对应一种连续的对称性，并且物理量在这种对称变换下保持不变。这样，对称与守恒就被联系在一起了。诺特的这个发现是极其重要的，对物理学的发展、对物理学家在微观世界的探索产生了重大的作用。正像有的科学家所说，如果以前确定守恒的物理量靠一些猜测、靠艰苦的一遍遍实验，有了诺特定理就可以看清楚物质世界内在的对称性，在这种对称变换下找到那个不变量以及对应的守恒定律。也就是说，物质运动规律在某一种变换下，与守恒定律是必然地联系在一起的。这就是物理学上的一条重要定理——诺特定理的内涵。这条定理也可写作，"如果物理规律在某一不明显依赖于时间的变换下具有不变性，必相应存在一个守恒定律"。

当科学家审查物理学定律时，会惊奇地发现，这些定律——更明白地说是守恒定律在现代物理学的发展中仍然发挥着重要的作用。

式

● 再谈物与像的奥秘

著名科学家李政道在参观西安博物馆时，以其特有的敏感，注意到汉代竹简上书的左和右两个字。其中的"右"字被写成"式"，与左字正好是符合境面对称的像。

人的左手和右手是满足镜像对称的，古人也知道这种现象，因此汉代人将右字写作左字的镜中像——"式"，后来反而写成"右"。从字形上看，左和右两字是不对称的，其实何止于此，物理学上的"宇称"性质也是不对称的，而这种不对称首先是被李政道和杨振宁所发现的。

从李政道的诗中可以看出，这位大师好像对于世界的对称性有特殊的敏感。这话是不错的，李政道在科学上赢得的一大名声就是与对称相关的。这就是1956年，他与杨振宁合作进行的宇称不守恒的研究。

李政道提到的"宇称"是什么呢？宇称是20世纪20年代科学家分析铁原子光谱时，发现的一些有趣现象。似乎铁的原子能级可分为两类，原子从一类能级跃迁到另一类能级才发生辐射。这时匈牙利科学家维格纳对这种现象进行分析后，提出了宇称概念。这两类能级对应不同宇称：正宇称和负宇称。能级的跃迁不能在同一宇称下进行，只能在不同宇

称下进行。只有这样，在能级跃迁前后宇称是守恒的。

宇称也对应着一种对称，按照诺特定理的要求，宇称守恒对应着一种变换，它应在这种变换下保持不变。如何说明这种变换呢？宇称是粒子物理学中的重要概念，并不对应我们常见到的自然现象，只能用数学的语言来表达。但是作为一种比喻，我们可以用镜像关系来说明。

在镜像关系中，物与像是一模一样的，我们很难区分哪个是真物、哪个是假象。我们从一些电影故事看到过，黑帮头目挟持人质，站在一面镜子之前，使无经验的警察难以分辨物与像。这种镜像关系所具有的变换被物理学家称作空间反演，其对称性就叫作左右对称性。这样我们就可以说，物理规律与现实世界中的物方和像方是无关的；也就是说，我们无法利用物理规律判断某一过程是在物还是在像。正是由于这种对称性，物与像是一致的。

为了说得更明晰一些，我们可以借助一些数学的语言来表达这种变换。空间反演是把空间（直角）坐标系中 $x$、$y$、$x$ 全都变成 $-x$、$-y$、$-z$。这相当于在镜面反射的基础上，再绕 $x$ 轴旋转180度角。如果我们观察到的物理过程，在完全反置的空间中进行的物理过程完全一样，就可以说这种物理过程是守恒的。否则这样的物理过程就不守恒。所以，宇称就是进行空间反演运算的物理量，或者说，宇称是用于描述物体运动状态与物体在镜子中像的运动状态是否一样的物理量。

一般来说，宇称是比较简单的物理量，它只能取 +1

和-1，分别对应于偶宇称和奇宇称。各种微观粒子，不具有偶宇称，就具有奇宇称。确定几个粒子的并合宇称性是比较简单的，就像偶数加减偶数还是偶数，对应的偶宇称与偶宇称的并合宇称还是偶宇称；奇数加减奇数也是偶数，对应的奇宇称与奇宇称并合是偶宇称。此外还有，偶宇称与奇宇称并合、奇宇称与偶宇称并合都是奇宇称。这样，我们可以推断，一个粒子是偶宇称，它衰变之后如果变成两个粒子，它们的并合宇称还应该是偶宇称；也就是说，这两个粒子就只能要么都是偶宇称，要么都是奇宇称。反之，衰变前的粒子是奇宇称，衰变后的两个粒子，必须一个是奇宇称，一个是偶宇称。这样，粒子在衰变前后的宇称就是守恒的。

宇称守恒定律被维格纳提出后近30年间，一直被当作是一条无可怀疑的定律。它在原子物理学和原子核物理学的研究中发挥了重要的作用，如果没有这条定律，有些粒子现象就无从分析。然而正是宇称守恒定律的极大成功，人们便将它绝对化了。

## ● "θ-τ疑难"与宇称不守恒

虽然宇称守恒定律已成为物理学界公认的定律之一，但在1953年，有些科学家注意到一些奇怪的现象。这就是 θ 介子的衰变过程与 τ 介子的衰变过程有些相似。在 θ 介子衰变

过程中，它生成一个正π介子和一个中性竹介子；τ介子衰变后，它生成两个正π介子和一个中性π介子。经过测量后发现，由于π介子具有奇宇称，所以θ介子应具有偶宇称，所以θ介子和τ介子具有不同的宇称，它们应该是不同的粒子。然而θ介子和π介子却具有相同的质量和寿命，又应该属于同一种介子。这就是"θ-τ疑难"。

为了解决这个疑难，1956年在纽约罗切斯特召开了一次学术会议，大家对此展开了热烈的讨论，其中李政道和杨振宁还认为，在弱相互作用下宇称可能不守恒。这些讨论对李政道和杨振宁有很大的启发。会后他们决定合作研究这个"疑难"。

他们开始重新审查有关宇称守恒的一切实验情况。通过认真的分析，他们发现，在强相互作用和电磁相互作用下，宇称守恒定律得到了强有力的支持；但在弱相互作用下，似乎没有一个实验是支持宇称守恒的。也许我们会问，为什么没有早一些发现弱相互作用下宇称不守恒呢？这主要是，并非什么情况下都要分析宇称的，而且在实验中大家误以为宇称必定是守恒的，也就没有单独测量宇称的量。这样，在罗切斯特会议后不久，李政道和杨振宁提出了一个重要的见解，在弱相互作用下，宇称守恒遭到了破坏。

如何进一步确证他们的结论呢？李政道和杨振宁提出了一个精湛的实验来验证。如果粒子的旋向性是镜像对称的，就说明其宇称是守恒的，反之宇称就是不守恒的。他们建议了一个很具体的实验方案，即先将原子核极化，这时的原子核是整齐排列的，而后通过 β 衰变产生的电子运动方向来进行镜像对称的分析。

## ● 物理学界的"第一夫人"

在提出有关宇称的分析之后，李政道找到了同在哥伦比亚大学的华裔物理学家吴健雄，同她讲到 β 衰变的实验，以及对宇称是否守恒的"判决"。当时，吴健雄正要与她的丈夫一起外出参加一些学术活动，由于关系到验证宇称是否守恒的 β 衰变实验太重要了，她只得作罢。

吴健雄于1912年出生在江苏太仓。在苏州师范学校毕业后一年，又考入中央大学数学系，一年后转入物理系。大学毕业后，曾先后到浙江大学和中央研究院物理研究所工作。1936年到美国留学，在加利福尼亚大学伯克利的劳伦斯实验室学习和从事研究工作。她的老师是劳伦斯、塞格雷和奥本海默等。在伯克利，吴健雄先做 β 衰变的研究，后来在铀裂变研究上做出了一系列的实验工作。核裂变的研究工作对美国原子弹研

华裔科学家吴健雄

制提供了关键的贡献。

由于吴健雄在放射性同位素和核裂变的研究上非常出色，她常常被请去讲一些专题报告，甚至一向以严肃著称的奥本海默也说吴健雄是一位"权威专家"。由于在伯克利的名声，不论在科学界之内还是在科学界之外，吴健雄的工作受到了许多人物的赞赏，人们把她看作一位传奇人物，甚至把她看作是"中国的居里夫人"。

1942年，吴健雄随新婚不久的丈夫去了美国东部城市。两年后，她到哥伦比亚大学做研究工作。在这里她首选的是 β 衰变的研究。她的研究是在迈特纳、泡利和费米等人的研究基础上进行的。为了解决理论与实验之间的差别，吴健雄以其高超的实验技术最终获得了精确的实验结果。在此之前，甚至像费米这样的实验大师也未能做到。吴健雄的精确研究，使她成为 β 衰变方面的权威。特别是她的精确实验使她获得了极高的声誉，以至于人们常说："如果这个实验是吴健雄做的，那么就一定是对的。"

正是吴健雄在 β 衰变研究上的成绩，正在哥伦比亚大学工作的李政道找到她，提出极化原子核的实验中选用什么原子最合适。吴健雄当即指出，最好是使用钴-60作为 β 衰变的放射源。

在听李政道谈过宇称问题之后，吴健雄认为这是一个非常重要的实验，纵然在 β 衰变过程中宇称是守恒的，这个实验也是极有价值的。这种认识说明，吴健雄具有杰出科学家所具有的洞察力。

　　这个实验不但重要，而且做起来也是非常困难的。这主要有两个困难，一个是要把探测β衰变的电子探测器放在极低温的环境中，并要保证探测器的正常工作；另一个是要使一个非常薄的β放射源在极低温度下保持较长时间，以得到足够的数据。吴健雄还学习了有关钴-60的知识，以及具体的低温技术和原子核技术。此外，为了实验，她还要与美国国家标准局的同行合作。

　　在实验时，吴健雄与她的同事要将温度降低到零下273摄氏度以下，用绝对温度表示，只有千分之几开。不仅如此，还有一个接一个困难出现，但这都被他们一个一个克服了，直至取得成功。

　　他们的实验是这样的，将钴-60辐射出的电子分为两组，一组向南方，一组向北方，这两组的电子数目如果相等，则说明宇称是守恒的。然而，"θ－τ疑难"仍旧是令人不解的，还需要另寻出路。如果两组的电子是不一样的，那宇称就不守恒了。这样另一种可能就成立了，θ与τ就是同一种粒子了，为此人们就将这种粒子改称为K介子了。

　　实验做得非常精确，并且可以看到，钴-60射出的电子更偏爱南方。宇称真的是不守恒了。正像哥伦比亚大学物理系主任拉比所说："一个颇为完整的理论结构从根基上被打碎了，我们现在不知道怎样把这些碎片拼凑起来。"

　　这的确是一件重大的事件，人们说，这个实验就像美国

科学家麦克尔逊和莫雷实验的意义一样。科学家们受到的震动就像当年马赫看到那磁针偏转所造成的不对称时所受到的震动一样。

值得指出的是，虽然杨振宁和李政道在20世纪50年代发现宇称在弱相互作用是不守恒的，但实际上这个发现在1928年就被人发现了。由于他不相信宇称被破坏的现象，有意地回避了这个问题。可见，所谓"发现"是要有一定准备的，否则在机遇来临时，人们会失之交臂的。

● "李精于学"

在吴健雄的实验成功之后，李政道和杨振宁获得了1957年诺贝尔物理学奖。12月10日是颁奖日，这一天，获奖者坐在高高的、刻着狮子头的雕花皮背的扶手椅上，接受人们的祝贺。这是华裔科学家第一次在这里从瑞典国王手中接过奖章和证书。

这一天也是瑞典的大学学期结束日，许多大学生到宴会上祝贺和唱歌，一些学生提出问题，按惯例应由诺贝尔文学奖获得者来回答，但学生们觉得李政道的年龄（只有31岁）与他们差不多，就指着李政道，要他回答问题。李政道就给大学生讲了一个孙悟空的故事。他说，孙悟空虽然神通广大，但也跳不出如来佛的手掌，而科学家就像孙悟空，虽然对自己的研究比较深入，但离科学真理还差得远呢！其实大家哪里知道，这位获诺贝尔物理学奖的李政道既无小学文凭，也无中学文凭和大学文凭。

**李政道在演讲**

李政道于1926年出生在上海的一个知识分子家庭。由于抗日战争爆发，李政道从上海来到了江西，17岁时他以"同等学力"考入了浙江大学，后又转入西南联合大学。当时的教室和宿舍都很拥挤，李政道想出了一个窍门，每天花上几个铜板到茶馆占个座位，泡一杯茶，看一天书。只花了几个铜板，还算是划得来的。刚一开始，他觉得周围很吵闹，可后来练出了真功夫，这些吵闹对他一点儿影响都没有。他的许多书本都是在这里"啃"下来的。

李政道的学习受到著名物理学家吴大猷的注意，吴大猷十分器重这个学生。抗战胜利后，国家建设需要人才，要送一些人才到国外去深造。这样，吴大猷就推荐了李政道。尽管一些教师不同意，认为他大学还没有毕业怎么就能去留学呢。吴大猷则力排众议，坚持把这个三年级学生带到了美国。

由于没有大学文凭，在美国还要补课，取得大学文凭才能读研究生。后来，李政道听说只有芝加哥大学是个例外，因此李政道就到芝加哥大学试读，两个月后正式注册成为费

米的研究生。几年后，他获得了博士文凭，这是他第一张正式的文凭。

1974年，李政道回到祖国访问。一天清晨，他接到电话，说毛泽东主席想马上接见他。一个多小时后，李政道来到毛泽东主席的书房。毛泽东主席是非常博学的，他与李政道谈哲学、谈科学，特别是在谈到物质结构问题时，毛泽东主席问李政道，"什么是物理学中的对称？"李政道并未马上回答，想了想后才说道："根据韦氏大辞典的解释，'对称'意为'对比相称'或由'对比相称的和谐形态所显示的美'。"

毛泽东主席认为，运动是重要的，社会进步是在运动中完成的，宇宙进化也应如此。而对称是一种相对静止的状态，它为什么在物理学上如此重要呢？

李政道略一思忖，他为毛泽东主席做了一个演示。他将一支铅笔放在一张纸上，而后抬起纸的一端，铅笔滚向另一端；抬起另一端，铅笔滚向这一端。接着，李政道说道："整个过程是对称的，而铅笔始终都是在运动的。"毛泽东主席对李政道的解释和演示十分满意。

由于李政道做学问十分严谨，他因此受到周恩来总理的夸赞，说"李精于学"。

● 雏凤清于老凤声

20世纪30年代，由于人们对原子核结构的研究，发现对原来相互作用的认识又有扩展，宇宙间并不是只有电磁相互作用和引力相互作用，微观世界中还存在强相互作用和弱相互作用。这两种相互作用的作用范围非常小，或者说它们的力程很短，因此被称作短程力。引力相互作用和电磁相互作用都是长程力，因此如果考虑强相互作用和弱相互作用，其统一的问题就更加复杂了。20世纪50年代，随着粒子物理学的发展，人们发现了几十种新粒子，关于这些粒子的性质的认识也是较浅的，而且量子科学在处理新问题时也遇到了困难。这样，在人们想将这些粒子联系起来时，又想起了爱因斯坦未完成的统一场论。

在20世纪50年代的研究中，旅美中国学者杨振宁进行了初步的尝试。他与美国同事米尔斯合作，在对相互作用的研究中，他们提出了一种新的研究方向，这种新的场论叫作规范场论，由于是杨振宁与米尔斯提出的，因此也被称作杨—米尔斯场。

杨振宁是安徽怀宁人，生于1922年。他的父亲是著名数学家和教育家杨武之，长期从事代数学的研究和教学。抗战时期，杨振宁在西南联合大学获得学士和硕士学位，后赴美国留学。在芝加哥大学曾受教于费米，后因费米工作太忙，后来在著名的"氢弹之父"特勒的指导下完成了博士论文。获得博士学位之后，杨振宁曾与费米一起工作过一段时间。二人一起做出的有名的工作是费米—杨模型。这是关于粒子结构提出的第一个模型。不久之后，杨振宁来到了普林斯顿高级研究院工作。这时他与哥伦比亚大学李政道有过一个时期的合作研究，取得了许多佳绩，其中最有名的成绩是关于宇称不守恒的工作，并使他们一起获得了诺贝尔物理学奖。在此之前，杨振宁与美国科学家米尔斯合作研究，提出了后被称作"杨—米尔斯理论"的重要理论。这是粒子物理学的基石之一。后来，杨振宁与巴克斯特于1972年提出杨—巴克斯特方程。连同杨—米尔斯理论和宇称不守恒理论，这是杨振宁具有世纪水准的3项科学成就。

杨振宁在普林斯顿的早期，爱因斯坦也在此，但已退休。不过爱因斯坦还是每日照常到办公室。据说，爱因斯坦了解到杨振宁的一些研究工作，对他产生了兴趣，就请杨振宁到办公室一谈。第一次与这样的大科学家谈话，杨振宁是很紧张的，加上爱因斯坦的英语带着浓重的德语味道，使

**杨振宁在思考**

他很难听懂爱因斯坦讲话的内容，以至于当他从爱因斯坦办公室出来后，同事问他，杨振宁竟讲不出与爱因斯坦交谈了些什么内容。

杨振宁的一些理论采用的数学是当时人们认为较为高深的群论，当时许多人感觉难以理解。然而，在20世纪50年代新成长起来的年轻科学家并不惧怕群论，并且很快就掌握了这种新的数学工具。同时，由于粒子物理学的快速发展，人们对强相互作用和弱相互作用也有了更深入的理解。对爱因斯坦的关于将各种相互作用理论统一起来的设想也有了更好的把握，人们认识到，直接将引力相互作用与电磁相互作用统一起来是行不通的。在杨—米尔斯场的启发下，人们逐渐认识到，应从弱相互作用和电磁相互作用的统一来考虑。

## ● 真的不守恒吗

最初，对于李政道和杨振宁的观点，一些科学家抱着怀疑的态度，这其中最有代表性的是美国著名物理学家费因曼。本来他的学生是要做实验来验证的，可是费因曼认为没有必要，费因曼说："那是一个疯狂的实验，不需要浪费时间在那上面。"甚至他还提出以10 000:1的比例来打赌。他本来就喜欢开玩笑，费因曼调侃道："如果实验成功，我和我的学生会得到诺贝尔奖，如果不成功，我的学生也有了他做

博士论文的题目了。"他的学生受到他的影响，表示愿意凑趣，也许是怕输钱，学生将打赌的比例做得更实际些：50:1。最后，费因曼的学生没能做成实验，但赢了50美元。

另一个更有名的科学家是泡利。20世纪30年代，泡利为维护能量守恒定律立了大功；20世纪50年代，在宇称是否守恒的问题上扮演了玻尔的角色。他认为，宇称守恒定律是不会失效的。泡利给他的学生写了一封信，信中写道："我不相信上帝是一个软弱的左撇子，我已准备好下一笔大赌注，我敢打赌实验将获得对称的结果。"结果与费因曼一样，他也输了。好在他没有真的打赌。当他听到吴健雄的实验结果之后，他又给他的学生写信，他说："现在在最初的震惊过后，我开始镇定下来了。是的，事情确实很戏剧性。在星期一，21日下午8点，我原定讲一堂有关中微子理论的课。在下午5点，我收到三个实验报告（有关宇称的头三个实验的报告）……我对上帝倾向于用左手感到震惊，但使我更加震惊的是当他为了强烈地表现他自己时，他仍然似乎是左、右对称的。总之，实际问题现在看来似乎是这么一个问题：为什么强相互作用是左、右对称的？"看样子，他又在教训上帝了。有趣的是，泡利是吴健雄非常好的朋友。

## ● 科学界再次震惊

宇称不守恒对传统的科学观念产生了巨大的冲击，为此，人们又重新审查微观世界的对称性。与宇称相关的对称性还有电荷共轭写作C和时间反演写作T，通常空间反演（即宇称）则写作P。从上面可知，宇称是一种镜像反射不变性，是把一个过程转换成它的镜像之后仍服从原来的规律。这也就是说，不可能用实验来区分空间的左与右，如果能区分，宇称就不守恒了。电荷共轭是正反粒子的不变性，是把一个过程的所有粒子变成相应的反粒子时，变化前后所遵循的物理规律是不变的。时间反演不变性，是指假如时间可以倒流，描述物理过程的方程式是不变的。

过去，在人们的观念中，电荷共轭、宇称、时间反演与能量、动量和角动量一样，都是守恒的。到20世纪50年代，由于K介子的奇异现象，李政道和杨振宁发现，弱相互作用并不存在左右对称性，或者说，宇称是不守恒的。在分析电荷共轭问题时，也发现在弱相互作用中，电荷共轭也不守恒。

既然在弱相互作用下，宇称不守恒，电荷共轭也不守恒，将这两种不守恒的量联合起来会怎样呢？苏联著名科学家朗道认为，电荷共轭（正反粒子）和宇称（左、右）同

时交换一下，那么失去的对称性就会重新获得。为了方便书写，我们可以写作：P、C各自的对称性遭到了破坏，但PC联合对称性却能保持下来。

然而，PC对称性真的存在吗？1964年，美国科学家菲奇、克罗宁、克里斯坦森和特莱最先从实验上发现了CP不守恒的事例。这一发现促使人们进一步思考物理科学中存在的各种对称性，对自然现象中的各种对称性有了更深的认识。人们进一步推断，在CP不对称的那些过程中，物理规律在时间反演（T）下也应是不对称的，这样才能保证CPT的联合对称性。

菲奇是美国科学家，1923年出生在美国的一个畜牧主的家庭，母亲是一位小学教师。在第二次世界大战期间，菲奇参军，并参加了原子弹的研制工作。虽然只是一位穿着军装的小技工，但却有机会看到一些大科学家是如何搞研究的。在几年的工作期间，他学会了一些实验技术，与科学家们不同的是，菲奇自己不知道所测出的数据与一些物理现象有什么样的关系。战后他来到一所大学补课，不久又考上了哥伦比亚大学，读研究生课程。在老师的指导下，他开始研究$\mu$子。在研究中菲奇纠正了一些数据上的错误。后来，菲奇对K介子和一些奇异粒子产生了兴趣，他花了差不多20年的时间来研究K介子。这为后来研究宇称变换和电荷共轭变换（CP）打下了基础。

克罗宁是美国科学家。1931年生于芝加哥市。父亲是一位拉丁语和希腊语的教授。在上中学时，由于受到物理教师的鼓励，他对科学产生了兴趣。老师告诉他，不但要对实际的实验采取分析的方法，而且还要对简单的物理系统采用分析方法。后来考入芝加哥大学读博士学位，接触到像费米、特勒和盖尔曼等大师。毕业后他就参加了粒子物理学的研究工作。当认识了菲奇之后，菲奇很喜欢这个年轻人，并请他到普林斯顿大学工作。二人对K介子进行了详细的研究，1964年克罗宁与菲奇等人合作研究K介子衰变，发现CP不守恒的现象。这个发现不仅大大深入了对微观世界的认识，而且促进了物理学在实验和理论上可以开展更加广泛的研究工作。

从CP不守恒出发，人们推断：在发生CP不对称的那些过程中，物理定律在时间反演（T）下也是不对称的，因为只有这样才能保证CPT定理的成立。有趣的是，1998年，在欧洲原子能研究中心，由来自9个国家的近百名研究人员组成的一个小组，在研究K介子与反K介子的转换过程中，发现了时间不对称的现象。

# 八、反物质在哪里

在狄拉克大谈对称性时，人们看到的却是在宇宙演化过程中对称性的破缺。我们的世界充满了物质，而反物质都到哪里去了呢？尽管这多少有些令人感到遗憾，但却是很自然的，不值得大惊小怪。

## ● 毕达哥拉斯的奇想

类似的想法在古代就已经产生了。传说，毕达哥拉斯在埃及旅行时，当路过铁匠铺，听到叮叮当当的敲击声，他觉得这些声响非常悦耳动听。他认为，应把这些和谐音的发声条件找出来。

毕达哥拉斯发现，发出不同的声响与铁匠所用的锤子有关，即锤子的质量不一样，敲击时发出的声音是不同的。经过实验，他发现，当不同的锤子质量的比值分别为2:1、3:2和4:3时，所发出的声音的音程恰为一个八度音、一个五度音和一个四度音。据说，他也用弦线做过实验。

由于长期的数学研究和哲学思考，毕达哥拉斯自己和他的学派认为，宇宙运行应遵守这样的数学规律，并且体现着一种数学上的和谐关系。他的这种思想，一直影响到今天，并指导着一代又一代的科学家去研究宇宙

古希腊科学家毕达哥拉斯

中的各种事物，力图从中找到那美妙的数学规律。据说，"哲学家"这个词就是他提出来的。

在关于宇宙结构的思考中，毕达哥拉斯从数的和谐出发，他认为，10这个数恰好是1、2、3、4之和，因此10是一个完美的数。而这四个数字又恰好包含了4:3、3:2和2:1，这正好是一个四度、五度和八度音程的组合，所以体现着宇宙的和谐，"10"就被看作是一个"圆满"的事物。然而在具体的宇宙结构上，这种和谐思想是如何体现出来的呢？

毕达哥拉斯猜想，宇宙的天体应有10个。但在当时，人们所能看到的只有9个，即太阳、月亮、地球、水星、金星、火星、木星和土星，以及被看作"天体"的恒星天。既然宇宙是和谐的，就应该还有一个天体。毕达哥拉斯的一个名叫菲伦洛斯的学生提出了一种天体："反地。"他认

为，宇宙的中心既不是地球，也不是太阳，而是一团"中央火"。宇宙内所有的天体都围绕着这团火运动，其中"反地"与地球相背向，并与地球相平衡。我们所以看不到"反地"，是因为"中央火"所隔离。

由于看不到那个"反地"，我们不知道那里的情况，也不知道那里是不是有"人类"存在。幸好毕达哥拉斯和他的弟子没有"演义"，接着的"演义"可能会猜想出那里的"反物质"，是不是那里的"人类"是"反人类"呢？

这的确是一个有趣的观点，为了追求数的和谐，宇宙的构造也应是和谐的。

● 制造反物质的能力

20世纪50年代，由于反质子和反中子的发现，使原子核物理学的研究扩展到"反原子核物理学"，并且成为一个重要的研究领域。塞格雷与张伯伦发现反质子之后，开始研究反质子与氢、反质子与氘之间的相互作用。到20世纪80年代，反原子核物理学在欧洲核子中心曾经十分活跃。

当然，反原子核物理学的研究也有着一定的困难，这主要是如何保存像正电子、反质子等反粒子，因为反粒子一旦与正粒子相遇就会湮灭并释放巨大的能量。此外，尽管在现代实验技术下，获得正电子、反质子等反粒子并非难事，但是若将正电子与反质子构成一个反氢原子，则不是容易的事。这是由于这些反粒子的能量太高了，同样都是能量很大的反质子和正电子要同聚一起而"和平共处"，还真不是一件容易的事。为此，有的科学家认为，应大大降低反粒子的能量。

1978年欧洲一些物理学家在实验室成功地分离并且存储了300个反质子达85小时之久。到1989年，美国哈佛大学的一个研究小组找到了一种新方法，不但可使反质子的能量大大降低，而且可以保持一定的时间。以后再降低能量，以达到能够组成稳定的反物质的能量要求。

1995年9~10月，欧洲核子研究中心的科学家在世界上制成了第一批反物质——反氢原子，揭开了人类研制反物质的新篇章。所谓反氢原子，就是上面讲的一个反质子与一个正电子结合而成的反原子，其中的正电子围绕着反质子旋转。科学家利用反质子加速器，将速度极高的反质子流射向氙原子核，以制造反氢原子。由于反质子与氙原子核相撞后会产生正电子，刚诞生的一个正电子如果恰好与反质子流中的另外一个反质子结合就会形成一个反氢原子。在累计15小时的实验中，他们共记录到9个反氢原子存在的证据。由于这些反氢原子处在正物质的包围之下，因此它们的寿命极短，平均一亿分之三秒（30纳秒）。1996年，位于美国费米国立加速器实验室成功制造了7个反氢原子。此后，在实验室中制造反物质的工作受到很多科学家的高度重视。这使反物质研

究前进了一大步。

反氢原子的制取成功，使人类对反物质的认识，从微观的反亚原子粒子提高到反原子的层次，为将来进一步提高到反分子的水平提供了一定的基础。一些科学家甚至对宇宙中的一个生动的反物质世界已开始憧憬。例如，狄拉克在获取诺贝尔奖的讲演中最后讲到反物质构成的星球，"这些星球可能主要是由正电子和负质子构成的。事实上，有可能是每种星球各占一半，这两种星球的光谱完全相同，以至于目前的天文学方法无法区分它们"。

● 为什么宇宙中的反物质这样少

关于宇宙的含义，它首先是由物质构成的；其次它是逐渐演化成今天的样子的。那宇宙为什么不能由反物质构成呢？或者说，宇宙能不能像太极图那样，一边为（正）物质，一边为反物质呢？

为了解答这些问题，我们的话头还要扯得远一些。一般来说，大爆炸宇宙学几乎解释了今天宇宙的这个样子，并且大爆炸学说的一些预言也获得了证实，如宇宙微波背景辐射的温度和"涨落"。在大爆炸后约万分之一秒时，当时的正重子数、反重子数和光子数都是一样多的，或者说，正重子数与反重子数严格相等，而宇宙寿命超过万分之一秒时，物质与反物质发生"火拼"，两种粒子湮灭、抵消，以致今天的宇宙空无一物。当然这与今天宇宙的实际情况是矛盾的，并且说明宇宙最初的正反物质重子数并不严格相等。

正反重子数相差多少呢？早在20世纪60年代，苏联物理学家，"氢弹之父"萨哈罗夫就对反物质问题做了一些解释。他认为，反物质极少是由于物理规律中存在微小的不对称。在大爆炸后的最初瞬间，今天所见的各种粒子，皆融为一体，并统称为x粒子，这种粒子极重，约为氢原子的几十万亿倍。在宇宙的温度不断下降时，x粒子开始衰变，由于宇宙间的这种微小的不对称，最终变成的粒子和反粒子，形成了10亿零1对10亿之比。故当它们相互湮灭化成光子后，每10亿零1个粒子中仅留下了1个粒子，我们今日的宇宙也就是由这1个粒子所构成的，所以我们见不到反物质世界。

用数字比例表述也可以写作，即粒子与反粒子之比约为1:0.999 999 999，或者说，物质与反物质的相对差值只有0.000 000 000 1。可就是这一点点差别，使反物质彻底地湮灭掉。这种情况与狄拉克关于宇宙的对称性假设也就有了一点点差别，看样子偏爱对称性的狄拉克也犯了一点点错误。

从宇宙演化来看，反重子数与重子数的不对称看来也不应是令人奇怪的。从今天的角度看，正是这种不对称，使人类生存的环境演化出来了，使人类得以产生。

从今天来看，粒子世界也存在P不守恒、PC不守恒的现象，人类没有必要对此感到惊奇了。我们生存的世界并不是

那么对称的，从今天的发现可知，宇宙的演化是对称加破缺的过程。宇宙演化的过程与科学家追寻统一的过程正好相反。科学家逆其演化的进程，正是为了研究宇宙中各种相互作用为什么产生了破缺，怎么破坏了原有的对称局面的。

● 昂贵的反粒子

　　一般来说，获取反粒子的途径有两种：一种途径是人们在实验室中研究反物质，主要是借助大型的粒子加速器制造反物质；另一种途径是从自然界中获得反物质，进而研究处于自然状态下的反物质。

　　从发现第一个反粒子到现在已经70年了，这期间人们只是从实验中获得了一些反粒子，并且最近几年才人工合成了第一批反原子——反氢原子。并且，在加速器上获得的反物质粒子，其代价是高昂的。在欧洲核子研究中心加速器的一个循环（约一分钟一次）中，能够制造出5千万个反质子，也可以制造出几百个反氢原子，也许还可以提高10倍。这些数字听起来很大，实际上很有限，如果用克来表示其质量，一年的产量才十亿分之一克。如此计算，欧洲核子研究中心在过去10年间获取的反物质的产量也不会超过1纳克，可就是这一点反物质已经花掉了几亿瑞士法郎了。

　　有没有别的办法呢？从对称的角度看，对应着物质世

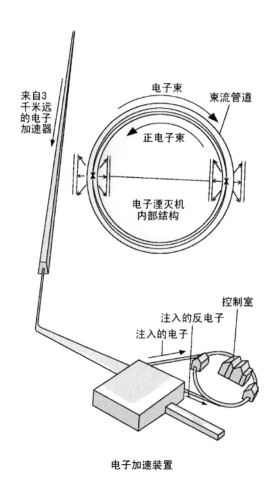

电子加速装置

界，应存在一个反物质世界。当我们为制造一点反物质而付出大量的钱财时，宇宙中的反物质我们能不能讨一点来呢？特别是太空中某些区域产生的伽马射线大喷发，引起了科学家的高度重视。

这伽马射线是怎样形成的呢？原来太空中的正物质与反物质相遇时，会彼此"湮灭"，同时释放出巨大的能量，即比普通可见光要强25万倍的伽马射线。银河系反物质"喷

泉"就是通过这种间接证据发现的。虽然它对深入研究反物质的帮助不大，但它提示科学家，想要"直面"反物质，科学家还是有机会直接"捕捉"反物质的。在地面上，宇宙射线要到达地球首先要穿过厚达几千千米的大气层，这期间，射线中的大部分反粒子在到达地球前都已与大气层中的粒子中和湮灭了，因而人们几乎是不能"捕"到反物质的，因此科学家决定到太空去施展一番。

宇宙中果真存在神秘的反物质吗？它们在哪里？为解开这个世纪之谜，中国和意大利合作在西藏海拔4300米的羊八井地区，将建成世界上第一个10 000米$^2$"地毯"式粒子探测阵列实验站，用以接收来自宇宙的高能射线和反物质粒子。

宇宙高能射线是人类能获得的唯一来自太阳系以外的物质样本。长期以来，它一直是科学家探索宇宙奥秘的研究对象。自从宇宙大爆炸理论出现后，科学家又一直致力于从宇宙射线中找到猜想中的神秘的反物质。但迄今为止，科学家们都未能找到反物质的踪迹。

## ● "缉拿"太空中的反粒子

萨哈罗夫的观点为许多科学家所接受，但也有一些科学家不以为然，他们认为萨哈罗夫的理论很难证实。丁肇中认为，我们不能排除这种可能性，在大爆炸时，超级火球的某个区域中，可能有利于创生更多的反物质。这样的宇宙演化的结果是一个"大拼盘"，在这个"大拼盘"中，某些空域很可能填充着反物质的星系。为什么会出现这样的不对称呢？现在还没有人能讲清楚。这种不对称是否足以说明物质在宇宙中占绝对地位呢？

不过，相信存在反物质世界的科学家认为，反物质世界不会离我们的星系很近，否则我们的星系也不会这样"安全"了。这些反物质星系至少离我们的星系达3000万光年远，甚至在1亿光年内，不会存在反物质。这如此遥远的反物质星系就像毕达哥拉斯的"反地"，不会轻易让我们看到它们。是的，丁肇中也认为，宇宙中约有10亿个星系团，要完全排除反星系的存在，似乎是不可能的；况且一些星系群是如此遥远，以至于它们发生湮灭时发出的信号十分微弱，难以区分。

丁肇中的看法是有道理的，而且他以寻找稀奇物质而著称。1976年，他因发现J粒子而获诺贝尔物理学奖。20世纪90年代，丁肇中的雄心不减当年，决心寻出那充满反物质的世界。他认为，一个实验工作者探测未知的事物是责无旁贷的。他与一

华裔科学家丁肇中

些物理学家合作，组成了一个反物质探测小组。

中国有一句古话："工欲善其事，必先利其器。"丁肇中是搞"大科学"的内行，他的小组聚集了100多名科学家，他们分别来自欧洲、美国和中国等国家。他们要把探测器放到太空，以消除大气层对研究反物质的干扰。他们为此设计了探测器，这是一个重达2吨、高1米、直径1米的圆柱形空心装置，其中包含5000个标准磁块，这些磁块由新型永磁铁钕硼铁合金构成，可以产生一个0.15特斯拉的均匀磁场。磁体内镶着叠成6层的一系列硅探测器，它们将把进入探测仪器的带电粒子牢牢抓获，不让它们跑出10微米之外，并记录它们的电荷量、质量和速度。

完成这一研究任务，需要资金2000万美元，其中美国宇航局负责把探测器装上航天飞机，并送到太空，其中包括早先一次试探飞行，以后再把探测器送上空间站。这样，两次飞行任务就需要1300万美元。可是美国能源部提供的费用只有300万美元，别的经费就需要其他国际合作者的资助了。

1994年4月，丁肇中到中国访问，到中科院电气工程研究所考察。他说："我发现，他们已用新型材料——钕硼铁合金制造出非常精密的永磁体……他们能够生产高质量、高磁场的磁体。我跟他们越交谈，就越使我相信，这是一条制造能在太空工作的廉价磁体的好路子。"

丁肇中要做的实验是对遥远星体的物质样本进行检验，以分辨出其中的反物质。可他到什么地方搞到这种样品呢？

实际上并不困难，这种样本时时为我们送货上门，这就是宇宙线。宇宙线是由原子核和带电粒子组成的射线束，它们来自四面八方。它们大多来自于太阳，其次来自我们银河系中的爆炸星球的残体，也有一些高能粒子来自于银河系之外的不明天体。所以丁肇中做实验实际上是宇宙线探测实验。

虽然探测宇宙线并非丁肇中首创，赫斯在几十年前发现了宇宙线，并开始了对宇宙线的研究。不过，由于大气层的存在，地面探测受到极大的限制，只能捕捉到"二次粒子"（宇宙线穿越大气层的核反应的产物与大气中的原子核发生碰撞后产生的粒子碎片），从这些粒子身上只能揭示出原初宇宙线的能量，但已无法看到它的本来面貌；人们还利用气球进行高空探测，但气球的飞行时间太短（仅几个小时），不能做连续的观测和研究。一般来说，在短时间的实验中，在1万个宇宙线粒子中有1个反原子核时，才能捕捉到反物质的踪迹。但事实上，来自本星系群之外的宇宙线，这个比例只有一百亿分之一的可能。可见实验的难度有多大！

丁肇中的太空实验可以说是一个首创。他认为，他的探测成功的希望很大，因为太空实验没有地面探测和高空（气球）探测所固有的限制。放在300多千米高空的探测器能把原始宇宙线抓获，从而看到宇宙线的"庐山真面貌"。此外，这个探测装置可以长期滞留在空间，记录大量的事件，可使科学家对这些事件进行筛选，更有利于研究。

丁肇中的探测若成功的话，也许将成为世纪新闻。而更

重要的是，对现有的理论发展来说价值更大。就像J粒子对夸克理论的意义，反粒子的探测对宇宙学理论也会产生极大的作用。

1998年6月2日（北京时间为6月3日清晨），丁肇中小组的阿尔法磁谱仪（简称AMS）搭载美国"发现号"航天飞机，成功地在太空遨游了10多天，这是人类历史上第一次将一台大型的磁谱仪送入宇宙空间，标志着人类在探索宇宙奥秘的事业中揭开了新的篇章。

经过10多天的成功飞行，阿尔法磁谱仪取得了200多小时的数据，获取了3亿多个事例，观测到了原始的宇宙线粒子，其中有质子（占80%左右）、反质子和各种原子核。通过测量结果的分析，采集的数据质量非常好，能够正确区分各种粒子，测量的精度已经达到了预期的要求。

阿尔法磁谱仪经过改进以后，于2003年送到阿尔法国际空间站，经过3~5年的运行，开展大规模的实验工作。有美国、俄国、中国、意大利、德国等10多个国家和地区的37所科研单位的科学家和工程技术人员共同参与，这一重大的国际合作科研项目，开创了人类探索宇宙奥秘的新纪元。

● 通古斯大爆炸之谜

1908年6月的一个清晨，在俄罗斯西伯利亚通古斯地区叶尼塞河谷发生了一次惊天动地的大爆炸。人们看到一个巨大的火球，热浪袭来，烧灼人面，并将人们击倒。由于热浪如此厉害，以至于人们倒地后一时爬不起来。

据后来的调查，在距火球400千米的范围内，强有力的冲击波推倒了墙壁并席卷屋顶。在距火球800千米的范围内，有一火车正在行驶，震耳欲聋的爆炸声惊骇了乘客，他们几乎被掀起来，火车也受到强烈的震撼。在距火球1500千米的范围内，人们都能看到火球的坠落。大爆炸产生了极大的震动，欧美地震仪都记录到它的震动，地磁仪也受到明显

"缉拿"与我作对的"反我"

的干扰。大爆炸的当量相当于1000万吨TNT炸药爆炸，它使爆炸中心地区60 000棵大树倒下，1500只驯鹿被击死。

后来，俄罗斯派出科学家实地考察。在现场未发现一块陨石碎块。这对小行星和彗星撞击的说法不利。那是什么原因引起这次大爆炸呢？

随着粒子物理学和天体物理学的发展，人们对物质世界的认识不断深入。由于微观粒子作用的能量极大，人们已经开发出裂变能，并在深入研究聚变能。

就微观粒子来看，我们已经发现众多的粒子和反粒子，对它们的性质也有较多的认识。物质粒子与反物质粒子是不能相遇的。一旦相遇就同归于尽，并且是"灰飞烟灭"般地消失。粒子与反粒子湮灭的结果是它们的质量都对等地以辐射的方式散失掉了。这倒提示人们，能否建立一个工厂专门生产反粒子，而后把反粒子同粒子湮灭一番，进而对因湮灭产生的能量加以利用。

利用反物质能，从原理上讲是非常简单的，但从技术上实现这一愿望并非易事。有趣的是，在经历大爆炸后的宇宙初期，粒子与反粒子是非常多的，并很快就使它们发生湮灭，反粒子全部消耗殆尽，剩余的"一点点儿"的正粒子演化并构成我们今天的现实世界。也许有人会产生这样的疑问，反粒子真的"消耗殆尽"了吗？是不是在宇宙太空中还存留下一些反物质团块在"漂流"着呢？！人们应设法将它们"拿"过来加以利用。不过要"拿"它们可不是一件容易的事，人们猜测通古斯的爆炸可能就是反物质"漂流"过来造成的。

反物质世界听起来很奇怪，其实不然，若宇宙中始终存在反粒子，那么它们势必会组成反原子，进而积聚成反星球、反星系，就如粒子所经历的那个过程。可是在我们居住的宇宙小小角落里，却从来没有人探测到反星球、反星系。也许反物质星球可能还经历了与我们地球类似的演化，也存在反动物、反植物、反微生物……但是它们的习惯动作与我们可能正相"反"。以至于著名的美国科学家费因曼说："如果在宇宙空间中，你遇到一个从远方飞来的船，宇宙人向你伸出了他的左手，你可要当心：很可能他是由反物质构成的!"

当然，这话听起来有些耸人听闻，但是要了解反物质的文明那还是遥远的事情，因为关于反物质的知识只是从那9个反氢原子中得到一星半点儿，还有许多东西要科学家做更深入的探索和研究。

● 利用反物质能的梦想

1997年4月，美国海军研究实验室、美国西北大学和加州大学伯克利分校等几个研究机构的天文学家宣布，他们利用伽马射线探测器发现，在银河系上方约3500光年的地方有

一个不断喷射反物质的反物质源。它喷射出的反物质竟可以在宇宙中形成一个高达2940光年的"喷泉"。这真是反物质研究的一个重大发现，并促使人们开始考虑，能不能将宇宙中的反物质能为我们人类服务呢？

利用反物质能，理论上是可行的，如果你有1克的反物质，就可以让你的车驱动100 000年。但实际上从现在的技术条件来说，这是一件很困难的事。虽然我们都可以想象利用反物质来推进太空船向星际进发，可制造反物质是如此困难，以至于从现在还很难预见反物质可用于太空船的推进燃料。为了把一个几吨重的物质飞船推进到接近光的速度，所需要的反物质燃料几乎要和飞船本身同样重，而就目前的制造反物质技术来看，制造几吨重的反物质将花数百万年的时间。

据说，一些军事技术专家也在打反物质的主意，制造利用反物质的武器。其实这样的应用和用于太空动力源一样，由于需要很大数量的反物质，而制造该数量的反物质将花掉数百万年的时间，所以目前并不现实。比如，如果只是发射子弹的武器，那么一个加速器就是一个反粒子枪。但是我们现在研究的只是单个粒子，而当你射出一发这种子弹的时候，释放出的能量是如此之小，以至于连"隔靴搔痒"的感觉都不会产生。

此外，从技术上讲，贮存反粒子是一件很困难的事。欧洲核子研究中心的一个科研小组，使用高能磁场捕捉在该中心粒子加速器中得到的反质子，然后引入正电子流，并利用电场使其减速，再使这两种粒子汇合在一种"粒子陷阱"之中。由于物质或带有正电荷或带有负电荷，因此它们可以被保存在具有适当电磁场结构的"陷阱"中。而后科学家再将该"粒子陷阱"放入电场下，结果发现部分粒子并不移动。科学家认为，这表示两种反粒子结合形成了中性的反氢原子。不过大量贮存反粒子还是一个长期的研究课题。

自从第一颗原子弹爆炸成功之后，在半个多世纪发展中，核武器已经经历了三代：第一代为原子弹；第二代为氢弹；第三代为中子弹。就像前三代核武器一样，第四代核武器也以原子武器的原理为基础，所用的关键研究设施是核聚变装置，因此发展第四代核武器不受"全面禁止核试验条约"的限制，在军事上也可当作"常规武器"来发展和使用。目前，美、法、俄等国正在研究的第四代核武器有三种。

金属氢武器：由于氢气在一定压力下可转化为固态结晶体，在室温下不需要密封就可保持很长时间，这种晶体就是"金属氢"。金属氢的爆炸威力相当大，是目前所能想到的威力最强大的化学爆炸物。

核同质异能素武器：核同质异能素的爆炸威力大约每克可释放出10亿焦的能量，比常规的高能炸药释放的能量要大100万倍。核同质异能素也像金属氢一样，可以作为"常规武器"，也可以作为"干净"氢弹的"扳机"。

反物质武器：极少量的物质与它的反物质相互作用，就能迅速释放出巨大的能量，并足以压缩钚或铀丸以产生链式

反应。只要几微克的反物质，就可用作热核爆炸的扳机，或者激发出极强的X射线或γ射线激光。反物质是目前研究的第四代核武器中最重要的一种。在美国费米实验室、法国和瑞士合建的欧洲核子研究中心，以及俄罗斯的高能物理研究所，都在为研制新型核武器而进行反物质的生产和研究。

　　总的来看，探索反物质的道路是艰难的。对于构成反物质的种种反原子、反分子还是一无所获，更谈不上构成反物质了。所面临的这些困难主要在于，反粒子都很不稳定，很容易和周围物质粒子发生湮灭，更何况制造反粒子的能力还很差。所以，我们所处的物质世界中是不可能存在反物质的，如果有一些反粒子也会很快地与周围物质相中和。但在宇宙深处就大不一样了，那里可能存在一个与物质世界完全相反的世界，在那里存在大量的反物质，而没有正物质。目前，阿尔法磁谱仪的实验只是初步的，但这将对宇宙中是否存在反物质做出初步的探测。所有这些都在表明，宇宙中似乎应存在一个反物质的世界，不过答案会是什么样呢？这个问题一直困惑着物理学家。